普通高等学校机电类精品教材

电气控制系统组装与维修

主　编　李　梅　李雅琼

副主编　马传奇　王祥如

编写人员（以姓氏笔画为序）

　　　　丁　燕　马传奇　王祥如

　　　　李　梅　李雅琼　陈大伟

中国科学技术大学出版社

内 容 简 介

本书结合目前高职高专学生的现状,以培养技能型人才为目标,在内容安排上以就业为导向,以动手实践能力为本位,以实际操作为重点,以"必需、够用"为度,以亚龙 YL-158GA 型电工技术实训考核设备为载体,系统地介绍了电气控制系统组装与维修相关的继电器控制、PLC 控制、变频器控制、触摸屏控制以及控制电机控制等有关知识。

本书根据电气控制系统组装与维修的特点,以亚龙 YL-158GA 型电工技术实训考核设备为载体,将内容分为 5 个学习情境,包括继电器控制三相异步电动机运行、PLC 控制三相异步电动机运行、变频器控制三相异步电动机运行、MCGS 组态控制三相异步电动机运行、PLC 结合控制电机控制工作台运行。每一个学习情境中无论是理论知识的介绍还是实训任务的安排都由易到难,使读者在学、做、练中获得电气控制系统组装与维修的必备知识,并将其转化为职业基本技能。

本书可作为高职高专院校的机电一体化、电气自动化、自动化、应用电子等相关专业的教材,也可作为从事电气工作的工程技术人员的参考用书。

图书在版编目(CIP)数据

电气控制系统组装与维修/李梅,李雅琼主编. —合肥:中国科学技术大学出版社,2015.5
(2024.7 重印)

ISBN 978-7-312-03714-6

Ⅰ. 电… Ⅱ. ①李…②李… Ⅲ. ①电气控制系统—组装—高等职业教育——教材②电气控制系统—维修—高等职业教育—教材 Ⅳ. TM921.5

中国版本图书馆 CIP 数据核字(2015)第 090763 号

出版	中国科学技术大学出版社
	安徽省合肥市金寨路 96 号,230026
	http://press.ustc.edu.cn
印刷	合肥华星印务有限责任公司
发行	中国科学技术大学出版社
开本	787 mm×1092 mm 1/16
印张	14
字数	358 千
版次	2015 年 5 月第 1 版
印次	2024 年 7 月第 2 次印刷
定价	42.00 元

前　言

本书根据教育部制定的《高职高专教育基础课程教学的基本要求》和《高职高专教育专业人才培养目标及规格》编写。我们依托亚龙 YL-158GA 型电工技术实训考核设备，结合高职高专学生多样性和自主学习性差的特点，在借鉴并吸取了同类相关教材的特色及优点的基础上，编写了本书。

本书在编写中，努力适应高职高专职业教育改革的需要，结合高职高专学生的特点，力求降低理论深度、强化基本概念、注重实际应用和学生动手实践能力的培养。在调查当前企业在电气控制系统中经常使用的设备的基础上，本书将教学内容分为 5 个学习情境，这 5 个学习情境基本包含了当前企业经常使用的所有电气控制系统的设备，使学生可以在学校就体验企业的工作环境。这 5 个学习情境的主要内容介绍如下：

学习情境 1　继电器控制三相异步电动机运行：以完成继电器控制三相异步电动机的点动、连续、正反转、降压启动和能耗制动的控制电路的安装、接线与调试的任务为目标，介绍了常用电工工具的使用、导线的处理、常用低压电器、电气控制系统图等相关知识。

学习情境 2　PLC 控制三相异步电动机运行：以完成使用 PLC 对三相异步电动机的单向连续、自动往返、顺序控制、定子绕组串电阻的降压启动和反接制动的控制电路的安装、接线与调试的任务为目标，介绍了 S7-200 系列 PLC 的内外部结构、STEP7-Micro/WIN 编程软件、S7-200 基本位操作指令和定时器指令等相关知识。

学习情境 3　变频器控制三相异步电动机运行：以完成正确调节变频器的参数对三相异步电动机的固定频率运行、变速运行、多段速运行控制电路的安装、接线与调试以及变频器与 PLC 结合对三相异步电动机实现其在工频和变频的运行方式下自由切换的任务为目标，介绍了变频器的分类与原理、变频器的外部接线（以西门子 MM420 变频器为例）、变频器的快速调试（以西门子 MM420 变频器为例）、变频器的外部内部控制方式等相关知识。

学习情境 4　MCGS 组态控制三相异步电动机运行：以完成正确使用组态软件对三相异步电动机的模拟运行、单向连续运行、正反转运行控制电路的安装、接线与调试以及使用组态软件与 PLC、变频器结合对三相异步电动机实现控制的任务为目标,介绍了 MCGS 组态软件、MCGS 组态画面制作及 MCGS 组态与 PLC 的通信连接等相关知识。

学习情境 5 PLC 结合控制电机控制工作台运行:以完成使用 PLC 结合控制电机(步进电机和伺服电机)对工作台运行控制电路的安装、接线与调试的任务为目标,介绍了步进电机的结构及原理、伺服电机的结构及原理、工作台的结构及控制要求以及 S7-200 PLC 的脉冲输出功能及位控编程等相关知识。

本书主要具有以下特色:

(1) 实用性和针对性强。本书通过调研企业生产现场实际(书中大多数图片来自于生产现场或者亚龙 YL-158GA 型电工技术实训考核设备,使用的电工工具,设备或器件的外形、内部结构等与生产现场使用的基本一致),使学生可以在学校零距离接触企业生产现场。

(2) 层次分明、融会贯通。根据目前电气控制系统经常使用的设备,全书分为 5 个学习情境,每一个学习情境介绍一种设备控制方式,各个控制设备之间既独立又紧密联系,既可以单一设备进行控制又可以各个设备相互结合进行控制。

(3) 实践性强。本书理论联系实际,尤其注重与技术实践的结合和技能的培养。5 个学习情境在理论知识介绍后,分别配置了若干个企业生产实践中经常遇到的基本任务。学生通过完成相关任务,加强自身动手实践能力,并将其转化为职业基本技能。体现了加强实际应用、服务专业教学的宗旨,能满足现行机电类专业应用型、技能型人才培养的基本教学要求。

(4) 内容覆盖面广。本书综合了电气控制系统中的继电器、PLC、变频器、触摸屏、控制电机等几乎所有现行的控制设备,解决了当前教材中控制设备和控制方式单一的问题。在各学习情境的内容安排上,采用由浅入深、学做一体、反复练习、循序渐进的方法,注重理论联系实际,增强了学生动手实践能力。

本书由阜阳职业技术学院李梅、李雅琼任主编,阜阳职业技术学院马传奇、王祥如任副主编,参编的有安徽昊源化工集团有限公司陈大伟和黄河水利水电学院丁燕。学习情境 1 由李梅、王祥如编写;学习情境 2 由李梅、陈大伟编写;学习情境 3 由李雅琼编写;学习情境 4 由李梅、马传奇编写;学习情境 5 由李梅、丁燕编写。李梅完成了全书的统稿工作。

由于编者水平有限,书中不妥之处在所难免,敬请专家和读者批评指正。

编 者

目　　录

前言 ……………………………………………………………………………………………（ⅰ）

学习情境1　继电器控制三相异步电动机运行 ………………………………………（1）

1.1　情境目标 ……………………………………………………………………………（1）

1.2　情境相关知识 ………………………………………………………………………（2）

知识链接1.2.1　常用电工工具的使用 ………………………………………………（2）

知识链接1.2.2　导线的处理 …………………………………………………………（8）

知识链接1.2.3　常用低压电器的识别与使用 ……………………………………（14）

知识链接1.2.4　电气控制系统图的识读 …………………………………………（34）

1.3　情境操作实践 ……………………………………………………………………（39）

任务1.3.1　继电器控制三相异步电动机点动运行 ………………………………（39）

任务1.3.2　继电器控制三相异步电动机单向连续运行 …………………………（42）

任务1.3.3　继电器控制三相异步电动机正反转运行 ……………………………（45）

任务1.3.4　继电器控制三相异步电动机星三角降压启动运行 …………………（48）

任务1.3.5　继电器控制三相异步电动机能耗制动运行 …………………………（51）

学习情境2　PLC控制三相异步电动机运行 ………………………………………（55）

2.1　情境目标 ……………………………………………………………………………（55）

2.2　情境相关知识 ………………………………………………………………………（56）

知识链接2.2.1　S7-200系列PLC的内外部结构 …………………………………（56）

知识链接2.2.2　STEP7-Micro/WIN编程软件的使用 ……………………………（64）

知识链接2.2.3　S7-200基本位操作指令 …………………………………………（71）

知识链接2.2.4　S7-200定时器指令 ………………………………………………（76）

2.3　情境操作实践 ……………………………………………………………………（80）

任务2.3.1　PLC控制三相异步电动机单向连续运行 ……………………………（80）

任务2.3.2　PLC控制三相异步电动机带动工作台自动往返运行 ………………（83）

任务2.3.3　PLC控制三相异步电动机顺序控制运行 ……………………………（87）

任务2.3.4　PLC控制三相异步电动机定子绕组串电阻降压启动运行 …………（90）

任务2.3.5　PLC控制三相异步电动机反接制动运行 ……………………………（93）

学习情境3　变频器控制三相异步电动机运行 ……………………………………（97）

3.1　情境目标 ……………………………………………………………………………（97）

3.2　情境相关知识 ………………………………………………………………………（97）

知识链接3.2.1　变频器的分类及原理 ……………………………………………（98）

知识链接3.2.2　变频器的外部接线 ……………………………………………（101）

知识链接 3.2.3 变频器的快速调试 ………………………………………… (103)

知识链接 3.2.4 变频器的控制方式 ………………………………………… (108)

3.3 操作实践 ……………………………………………………………………… (110)

任务 3.3.1 变频器控制三相异步电动机变速运行 ………………………… (110)

任务 3.3.2 变频器控制三相异步电动机按固定频率运行 ………………… (112)

任务 3.3.3 变频器与 PLC 结合控制三相异步电动机工频、变频切换运行 …… (113)

任务 3.3.4 变频器控制三相异步电动机多段速运行 ……………………… (117)

任务 3.3.5 变频器控制两台三相异步电动机运行 ………………………… (121)

学习情境 4 MCGS 组态控制三相异步电动机运行 ………………………… (125)

4.1 情境目标 ……………………………………………………………………… (125)

4.2 情境相关知识 ………………………………………………………………… (126)

知识链接 4.2.1 MCGS 组态软件介绍 ……………………………………… (126)

知识链接 4.2.2 MCGS 组态画面制作 ……………………………………… (136)

知识链接 4.2.3 MCGS 组态与 PLC 的通信连接 ………………………… (154)

4.3 情境操作实践 ………………………………………………………………… (159)

任务 4.3.1 MCGS 组态控制三相异步电动机单向连续运行 ……………… (159)

任务 4.3.2 MCGS 组态控制三相异步电动机正反转运行 ………………… (163)

任务 4.3.3 MCGS 组态控制三台电机顺序运行 …………………………… (167)

任务 4.3.4 MCGS 组态控制双速电机变速运行 …………………………… (174)

任务 4.3.5 MCGS 组态、变频器与 PLC 配合控制三相异步电动机运行 ……… (178)

学习情境 5 PLC 结合控制电机控制工作台运行 ………………………… (183)

5.1 情境目标 ……………………………………………………………………… (183)

5.2 情境相关知识 ………………………………………………………………… (184)

知识链接 5.2.1 步进电机的结构及原理 …………………………………… (184)

知识链接 5.2.2 伺服电机的结构及原理 …………………………………… (190)

知识链接 5.2.3 S7-200 PLC 的脉冲输出功能及位控编程 ……………… (195)

知识链接 5.2.4 工作台的结构及运行控制要求 …………………………… (206)

5.3 情境操作实践 ………………………………………………………………… (207)

任务 5.3.1 PLC 结合步进电机控制工作台运行 …………………………… (207)

任务 5.3.2 PLC 结合伺服电机控制工作台运行 …………………………… (213)

参考文献 ……………………………………………………………………………… (217)

学习情境 1　继电器控制三相异步电动机运行

1.1　情　境　目　标

　　本情境通过对常用电工工具的使用、导线的处理、常用低压电器的识别与使用、电气控制系统图的识读等相关知识的学习，使学生开始认识和熟悉各类电气控制基本环节，掌握由继电器控制三相异步电动机运行的各种控制方法并完成三相异步电动机的点动、连续、正反转、降压启动和能耗制动的控制电路的安装、接线与调试。

知识目标

① 认识常用电工工具，了解常用电工工具的用途，掌握常用电工工具的使用方法；
② 熟悉各种导线的处理方法；
③ 认识并熟悉各类常用低压电器的结构、外形、原理及动作方式；
④ 了解电气控制系统的电气原理图、电器布置图及安装接线图；
⑤ 了解电气控制系统的图形符号、常用符号及电气图绘制原则；
⑥ 了解点动、连续、正反转、降压启动和能耗制动的控制电路的控制过程，掌握电路工作原理；
⑦ 熟悉点动、连续、正反转、降压启动和能耗制动的控制电路的电气原理图、电器布置图及安装接线图。

技能目标

① 能够熟练使用常用电工工具；
② 能够熟练进行导线处理；
③ 能够正确完成常用低压电器的选择和接线；
④ 能够根据图纸文件完成点动、连续、正反转、降压启动和能耗制动的控制电路的安装、接线与调试。

1.2　情境相关知识

知识链接 1.2.1　常用电工工具的使用

1.2.1.1　通用电工工具

常用电工工具种类繁多,用途广泛,按其使用范围可分为两大类:通用电工工具与专用电工工具。通用电工工具是指一般专业电工经常使用的工具。对电气操作人员而言,能否熟悉和掌握通用电工工具的结构、性能、使用方法和规范操作,将直接影响工作效率和工作质量以及人身安全。

1. 验电器

验电器是用来检验导线、电器和电气设备是否带电的电工常用工具,分高压验电器和低压验电器。

(1) 高压验电器

高压验电器是变电站必备的工具,主要用来检验电力输送网络中的高电压。高压验电器一般由金属钩、氖管、绝缘棒、护环和握柄等组成,如图1.1所示。使用时,需戴绝缘手套,用手握住验电器的握柄(切勿超过护环),最好站在绝缘垫上,并且不得一人操作。

(2) 低压验电器

低压验电器又称验电笔,它是用来检验对地电压250 V以下的低压电源及电气设备是否带电的工具。验电笔分为氖管式和数字式,如图1.2所示。

图1.1　高压验电器　　　　　　　　　　图1.2　低压验电器

① 氖管式验电笔:氖管式验电笔外形分为螺钉旋具式和钢笔式,目前市场上出售的验电笔以螺钉旋具式较为常见。氖管式验电笔通常由工作触头、电阻、氖管、弹簧和笔身组成,如图1.3所示。它利用电流通过验电器、人体、大地形成回路,其漏电电流使氖泡起辉发光而工作。只要带电体与大地之间电位差超过一定数值,试电笔的氖管就会发出辉光,氖管的

发光电压为 60～500 V,亮度与电压大小有关。其正确握法如图 1.4 所示。

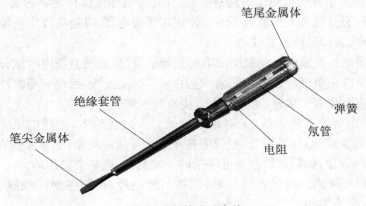

图 1.3　氖管式验电笔

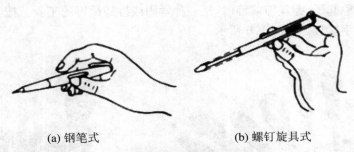

(a) 钢笔式　　　　　　　　　(b) 螺钉旋具式

图 1.4　氖管式验电笔的正确握法

② 数字式验电笔:数字式验电笔由笔尖、电压显示、电压感应通电检测按钮、电压直接检测按钮和笔身组成。如图 1.5 所示。

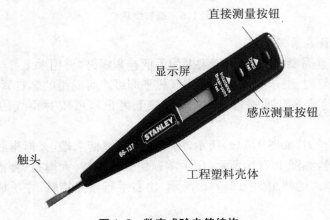

图 1.5　数字式验电笔结构

(3) 使用注意事项

① 验电器使用前应在确有电源处检查测试,确认验电器良好后方可使用。

② 验电时应将电笔逐渐靠近被测体,直至氖管发光。只有在氖管不发光时,并在采取防护措施后,才能与被测物体直接接触。

③ 使用高压验电器时,应一人测试,一人监护;测试人必须戴好符合耐压等级的绝缘手套;测试时要防止发生相间或对地短路事故;人体与带电体应保持足够的安全距离。

④ 在雪、雨、雾及恶劣天气情况下不宜使用高压验电器,以避免发生危险。

(4) 低压验电器(笔)的应用技巧

① 判断交流电与直流电。测量交流电时氖管通身亮,而测直流电时氖管亮一端。

② 判断直流电正负极。氖管的前端(笔尖)明亮的是负极,后端明亮的是正极。

③ 判断直流电源有无接地、正负极是否接地的区别。

发电厂和变电所的直流系统,是对地绝缘的。人站在地上,用验电笔去触及正极或负极,氖管是不应当发亮的,如果发亮,则说明直流系统有接地现象;如果氖管在靠近笔尖的一端发亮,则是正极接地;如果氖管在靠近手指的一端发亮,则是负极接地。

④ 判断同相与异相。两手各持一笔,两脚与地绝缘,两笔各触一根线,用眼观看一支笔,不亮为同相,亮为异相。

2. 螺钉旋具

螺钉旋具又称起子、螺丝刀或旋凿,是一种紧固或拆卸螺钉的工具。按其头部形状可分为一字旋具和十字旋具。如图 1.6 所示。

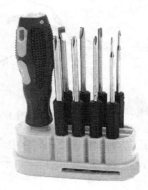

图 1.6　螺钉旋具

(1) 使用螺钉旋具紧固要领

使用螺钉旋具紧固要领:先用手指尖握住手柄拧紧螺钉,再用手掌拧半圈左右即可。紧固有弹簧垫圈的螺钉时,要求把弹簧垫圈刚好压平即可。对成组的螺钉紧固,要采用对角轮流紧固的方法,先轮流将全部螺钉预紧(刚刚拧上为止),再按对角线的顺序轮流将螺钉紧固。

对于小型号螺丝刀,如图 1.7(a)所示,用食指顶住握柄末端,大拇指和中指夹住握柄旋动使用;对于大型号,如图 1.7(b)所示,用手掌顶住握柄末端,大拇指、食指和中指夹住握柄旋动;对于较长螺丝刀的使用如图 1.7(c)所示,由右手压紧并旋转,左手握住金属杆的中间部分。

(2) 注意事项

不可使用金属杆直通柄顶的螺钉旋具,应在金属杆上加绝缘护套;螺钉旋具的规格应与螺钉规格尽量一致,两种槽型的旋具也不要混用。

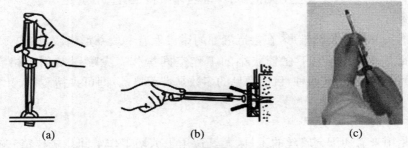

图 1.7　螺丝刀使用示意图

3. 电工用钳

（1）钢丝钳

钢丝钳俗称老虎钳，由钳头和钳柄组成，是一种钳夹和剪切的工具，如图 1.8(a)所示。其钳口用来钳夹和弯绞导线头；齿口用来松开和紧固螺母；刀口用来剪切导线或剖削软导线的绝缘层；铡口用来铡切电线线芯、钢丝或铅芯等较硬的金属线材，如图 1.9 所示。电工用钢丝钳的钳柄带有绝缘材料，耐压为 500 V 以上。

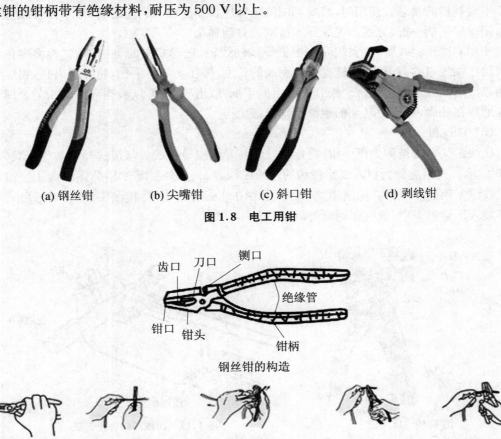

(a) 钢丝钳　　　　(b) 尖嘴钳　　　　(c) 斜口钳　　　　(d) 剥线钳

图 1.8　电工用钳

钢丝钳的构造

用齿口拧螺钉　　　用铡口切钢线　　　用刀口拉剥导线绝缘层　　　用钳口弯折金属导线　　　用刀口剪导线

图 1.9　钢丝钳的使用方法

钢丝钳使用注意事项：必须检查绝缘柄的绝缘是否完好；剪切带电导线时，不得用刀口同时剪切相线和零线,以免发生短路故障;不能当作敲打工具。

(2) 尖嘴钳

尖嘴钳的头部呈细长圆锥形,在接近端部的钳口上有一段菱形齿纹,如图 1.8(b)所示。由于它的头部尖而细,适用于在较狭小的工作空间操作。尖嘴钳常用规格有 130 mm、160 mm、180 mm、200 mm 四种,目前常见的多数是带刃口的,即可夹持零件,又可剪切细金属丝。

(3) 斜口钳

斜口钳是用来剪切细金属丝的工具,尤其适用于剪切工作空间比较狭窄和有斜度的工件。如图 1.8(c)所示。

斜口钳使用注意事项:剪切时,钳头应朝下,在不能改变钳口的方向时,可用另一只手将钳口遮挡一下,以防止剪下的线头飞出伤人或掉落到电路板上。

(4) 剥线钳

剥线钳是用来剥离小直径导线线头绝缘层的工具。剥线钳由钳头和钳柄两部分组成。如图 1.8(d)所示。钳头部分由压线口和刀口构成,分有直径 0.5~3 mm 的多个刀口,以适用于不同规格的线芯。使用时,将要剥削的绝缘层长度先放入相应的刀口中(比导线直径稍大),用手将钳柄一握,导线的绝缘层即被割破自动弹出。

使用剥线钳剥线要领:剥线时先根据导线的线径,选择相应的剥线刀口,再将准备好的导线放在剥线钳的刀刃中间,选择好要剥的长度,握住剥线钳手柄,将导线夹住,再缓缓用力使导线的绝缘层慢慢剥落。松开剥线钳的手柄,取出导线,可以看到导线端头的金属芯线整齐地露在外面,导线上其余的绝缘层则完好无损。

(5) 压线钳

压线钳又常常被称为压接钳,是连接导线与导线或导线线头与接线耳的常用工具,如图 1.10 所示。按用途分为户内线路使用的铝绞线压线钳、户外线路使用的铝绞线压线钳和钢芯铝绞线使用的压线钳。压线钳工作方式如图 1.11 所示。将待接线头放入接线耳中,将接线耳放入压接钳头中,紧握钳柄就可以了。

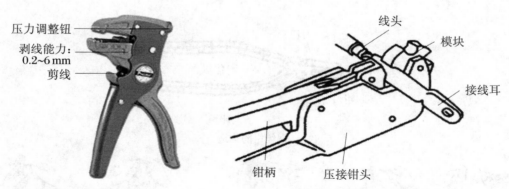

图 1.10　压线钳　　　　　　　　图 1.11　压线钳的使用方法

4. 电工刀

电工刀是用来剖削的专用工具,如图 1.12 所示。使用时,刀口应朝外进行操作,用毕应随时把刀片折入刀柄内。电工刀的刀柄不是绝缘的,不能在带电体上使用电工刀进行操作,以免触电。电工刀的刀口应在单面上磨出呈圆弧状的刀口,在剖削导线的绝缘层时,必须使圆弧状刀面贴在导线上进行切割,这样刀口就不易损伤线芯。

电工刀的使用方法如图 1.13 所示。刀片与导线成 45°角切入,刀进入芯线后平行前推,到头后,将剩余部分用手向后反掰,用电工刀切断掰过来的绝缘层即可。

图 1.12　电工刀　　　　　　　　　　图 1.13　电工刀的使用方法

5. 扳手

扳手是用于螺纹连接的一种手动工具,种类和规格很多。有活络扳手和其他常用扳手。

(1) 活络扳手

活络扳手又称活络扳头,是用来紧固和松动螺母的一种专用工具,如图 1.14 所示。它是供装、拆、维修时旋转六角或方头螺栓、螺钉、螺母用的一种常用工具。它的特点是开口尺寸可在规定范围内任意调节,所以特别适用于螺栓规格多的场合。

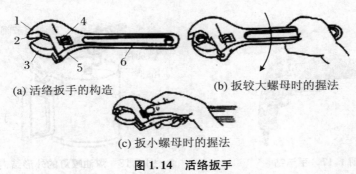

(a) 活络扳手的构造　　　　　(b) 扳较大螺母时的握法

(c) 扳小螺母时的握法

图 1.14　活络扳手

1. 呆扳唇；　2. 扳口；　3. 活络扳唇；　4. 蜗轮；　5. 轴销；　6. 手柄

(2) 其他常用扳手

其他常用扳手有呆扳手、梅花扳手、两用扳手、套筒扳手和内六角扳手等。如图 1.15 所示。

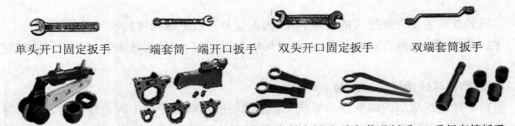

单头开口固定扳手　　一端套筒一端开口扳手　　双头开口固定扳手　　双端套筒扳手

大功率液压扭力扳手　YK中空式液压扳手　　直柄六角敲击扳手　弯柄梅花扳手　重行套筒扳手

图 1.15　其他类型的扳手

6. 钢锯

钢锯是用来切割电线管的工具,如图 1.16 所示。锯弓用来张紧锯条,分固定式和可调式两种,常用的是可调式。锯条根据锯齿的牙锯大小,有粗齿、中齿和细齿三种,常用的规格为 300 mm。

图 1.16　钢锯

1.2.1.2　专用电工工具

1. 手电钻

手电钻是一种头部有钻头、内部装有单相整流电动机、靠旋转来钻孔的,用来对金属、塑料和木头等材料进行钻孔的手持电动工具,如图 1.17 所示。接通电源前,手电钻开关应先复位在"关"的位置上,并检查电线、插头、开关是否完好,以免使用时发生事故;操作者必须戴手套操作。

2. 喷灯

喷灯是一种利用喷射火焰对工件进行加热的工具,常用于锡焊时加热烙铁或工件。在电工操作中,制作电力电缆终端头或中间接头及焊接电力电缆接头时,都要使用喷灯。

按照使用燃料的不同,喷灯分为煤油喷灯和汽油喷灯两种,使用时千万不得将汽油加入到煤油喷灯中或者将煤油加入到汽油喷灯中。煤油喷灯的外形结构如图 1.18 所示。

图 1.17　手电钻

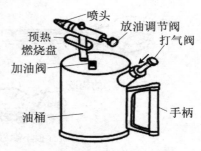

图 1.18　煤油喷灯的外形结构

知识链接 1.2.2　导线的处理

1.2.2.1　导线的剖削方法

导线的处理主要有绝缘层的处理、导线的连接及导线绝缘强度的恢复等。

导线绝缘层的剖削方法有很多,一般有用电工刀剖削、钢丝钳或尖嘴钳剖削和剥线钳剖削等。

1. 塑料硬导线绝缘层的剖削

塑料硬导线绝缘层的剖削分为导线端头绝缘层的剖削和导线中间绝缘层的剖削。导线端头的剖削通常采用电工刀剖削,但 4 mm² 及以下的塑料硬线绝缘层用尖嘴钳或剥线钳剖削。其剖削方法如图 1.19 所示。

导线中间绝缘层的剖削只能采用电工刀进行剖削,其剖削方法如图 1.20 所示。

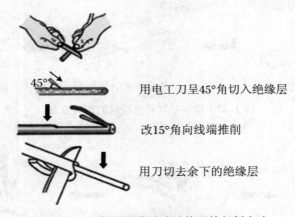

用电工刀呈45°角切入绝缘层

改15°角向线端推削

用刀切去余下的绝缘层

图 1.19　塑料硬导线端头绝缘层的剖削方法

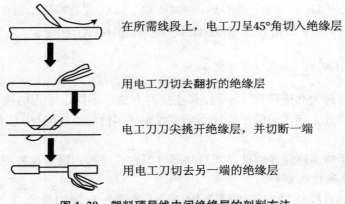

在所需线段上，电工刀呈45°角切入绝缘层

用电工刀切去翻折的绝缘层

电工刀刀尖挑开绝缘层，并切断一端

用电工刀切去另一端的绝缘层

图 1.20　塑料硬导线中间绝缘层的剖削方法

2．塑料软线绝缘层的剖削

塑料软线绝缘层的剖削通常使用剥线钳或尖嘴钳剖削，一般适用于截面积不大于 2.5 mm² 的导线。其方法如图 1.21 所示。

左手拇指、食指捏紧线头　按所需长度，用钳头刀口轻切绝缘层　迅速移动钳头，剥离绝缘层

图 1.21　塑料软线绝缘层的剖削方法

3．塑料护套线绝缘层的剖削

塑料护套线绝缘层的剖削通常使用剥线钳或尖嘴钳剖削，一般适用于截面积不大于 2.5 mm² 的导线。其方法如图 1.22 所示。

4．橡胶软电缆线绝缘层的剖削

橡胶软电缆线绝缘层的剖削通常使用剥线钳或尖嘴钳剖削，一般适用于截面积不大于

2.5 mm² 的导线。其方法如图 1.23 所示。

用刀尖划破凹缝护套层　　　　剥开已划破的护套层　　　　翻开护套层并切断

图 1.22　塑料护套线绝缘层的剖削方法

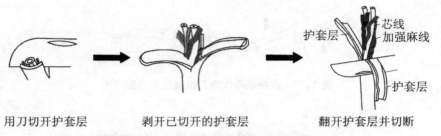

用刀切开护套层　　　　剥开已切开的护套层　　　　翻开护套层并切断

图 1.23　橡胶软电缆线绝缘层的剖削方法

1.2.2.2　导线连接方法

需连接的导线种类和连接形式不同,其连接的方法也不同。常用的连接方法有绞合连接、紧压连接、焊接等。连接前应小心地剥除导线连接部位的绝缘层,注意不可损伤其芯线。

1. 绞合连接

绞合连接是指将需连接导线的芯线直接紧密绞合在一起。铜导线常用绞合连接。

(1) 单股硬导线的连接

单股硬导线的直线连接方法如图 1.24 所示,单股硬导线的分支连接方法如图 1.25 所示。

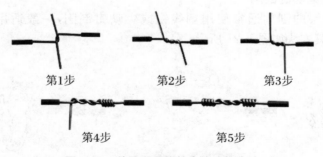

第1步　　　　　　第2步　　　　　　第3步

第4步　　　　　　　　第5步

图 1.24　单股硬导线的直线连接方法

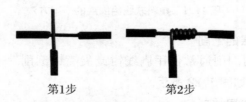

第1步　　　　　　第2步

图 1.25　单股硬导线的分支连接方法

（2）多股硬导线的连接

多股硬导线的连接方法也有直线连接和分支连接。多股硬导线的直线连接方法如图1.26所示。

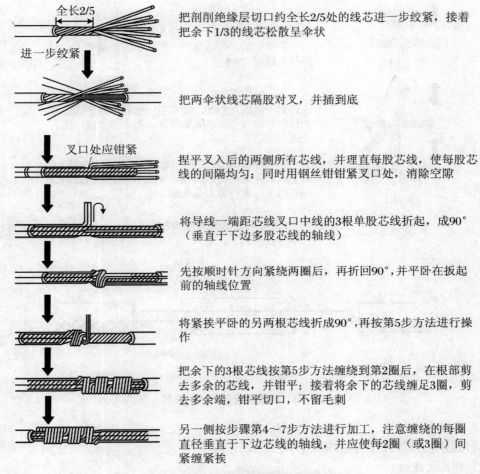

把剖削绝缘层切口约全长2/5处的线芯进一步绞紧，接着把余下1/3的线芯松散呈伞状

把两伞状线芯隔股对叉，并插到底

捏平叉入后的两侧所有芯线，并理直每股芯线，使每股芯线的间隔均匀；同时用钢丝钳钳紧叉口处，消除空隙

将导线一端距芯线叉口中线的3根单股芯线折起，成90°（垂直于下边多股芯线的轴线）

先按顺时针方向紧绕两圈后，再折回90°，并平卧在扳起前的轴线位置

将紧挨平卧的另两根芯线折成90°，再按第5步方法进行操作

把余下的3根芯线按第5步方法缠绕到第2圈后，在根部剪去多余的芯线，并钳平；接着将余下的芯线缠足3圈，剪去多余端，钳平切口，不留毛刺

另一侧按步骤第4～7步方法进行加工，注意缠绕的每圈直径垂直于下边芯线的轴线，并应使每2圈（或3圈）间紧缠紧挨

图 1.26　多股硬导线的直线连接方法

多股硬导线的分支连接方法如图 1.27 所示。

2. 紧压连接

紧压连接是指用铜或铝套管套在被连接的芯线上，再用压接钳或压接模具压紧套管使芯线保持连接。铜导线（一般是较粗的铜导线）和铝导线都可以采用紧压连接，铜导线的连接应采用铜套管，铝导线的连接应采用铝套管。紧压连接前应先清除导线芯线表面和压接套管内壁上的氧化层和粘污物，以确保接触良好。

压接套管截面有圆形和椭圆形两种。圆截面套管内可以穿入一根导线，椭圆截面套管内可以并排穿入两根导线。在对机械强度有要求的场合，可在每端压两个坑，如图 1.28 所示。对于较粗的导线或机械强度要求较高的场合，可适当增加压坑的数目。

3. 导线与接线桩头的连接

导线与接线桩头的连接方式有螺钉式连接、针孔式连接、瓦形接线桩式连接等。

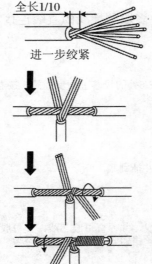

把支线线头离绝缘层切口根部约1/10的一段芯线作进一步的绞紧，并把余下9/10的线芯松散呈伞状

把干线芯线中间用螺丝刀插入芯线股间，并将分成均匀两组中的一组芯线插入干线芯线的缝隙中，同时移正位置

先钳紧干线插入口处，接着将一组芯线在干线芯线上按顺时针方向垂直紧紧排绕，剪去多余端，不留毛刺

另一组芯线按第3步紧紧排绕，同样剪去多余端，不留毛刺。注意：每组芯线绕至离绝缘层切口处5 mm左右为止，则可剪去多余端

图 1.27　多股硬导线的分支连接方法

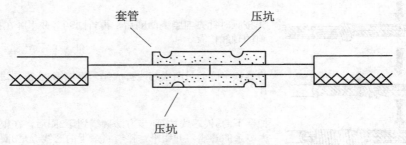

图 1.28　圆截面套管的紧压连接

（1）螺钉式连接

螺钉式连接具体操作方法如图1.29所示。

（2）针孔式连接

针孔式连接具体操作方法如图1.30所示。将导线端头芯线插入承接孔；拧紧压紧螺钉。

（3）瓦形接线桩式连接

瓦形接线桩式连接具体操作方法如图1.31所示。

1.2.2.3　导线的绝缘恢复

为了进行连接，导线连接处的绝缘层已被去除。导线连接完成后，必须对所有绝缘层已被去除的部位进行绝缘处理，以恢复导线的绝缘性能，恢复后的绝缘强度应不低于导线原有的绝缘强度。

导线连接处的绝缘处理通常采用绝缘胶带进行缠裹包扎。一般电工常用的绝缘带有黄蜡带、涤纶薄膜带、黑胶布带、塑料胶带、橡胶胶带等。绝缘胶带的宽度常为20 mm，使用较为方便。导线绝缘层恢复的操作方法，如图1.32所示。

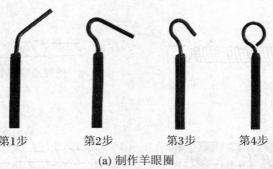

第1步　　　第2步　　　第3步　　　第4步

(a) 制作羊眼圈

第1步　　　　　　　　第2步

(b) 按顺时针方向压接导线

图 1.29　螺钉式连接

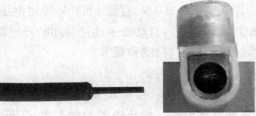

图 1.30　针孔式连接

(a) 单个线头连接方法　　　　　　　(b) 两个线头连接方法

图 1.31　瓦形接线桩式连接

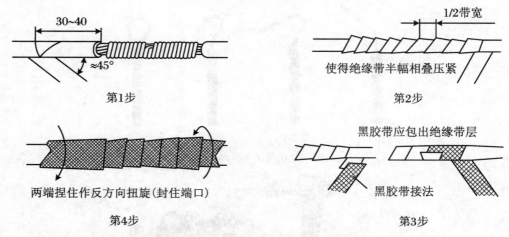

图 1.32　导线绝缘层的恢复

知识链接 1.2.3　常用低压电器的识别与使用

1.2.3.1　低压电器的作用和分类

1. 低压电器的定义与作用

所谓低压电器是指工作在交流 1 200 V、直流 1 500 V 额定电压以下的电路中，能根据外界信号(机械力、电动力和其他物理量)，自动或手动接通和断开电路的电器。其作用是实现对电路或非电对象的切换、控制、保护、检测和调节。

2. 低压电器的分类

常用的低压电器有刀开关、转换开关、自动开关、熔断器、接触器、继电器和主令电器等。图 1.33 所示的是几种常见的低压电器。低压电器的种类繁多，分类方法也很多，常见的分类方法见表 1.1。

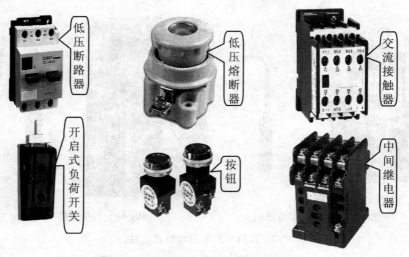

图 1.33　几种常见低压电器图形

表 1.1　常见低压电器的分类方法

分 类 方 法	类　　别	说 明 及 用 途
按低压电器的用途和所控制的对象分	低压配电电器	在供电系统中进行电能的输送、分配保护的电器,如低压断路器、隔离开关、刀开关、自动开关等
	低压控制电器	用于生产设备自动控制系统中进行控制、检测和保护,如接触器、继电器、电磁铁等
按低压电器的动作方式分	自动切换电器	依靠电器本身参数的变化或外来信号的作用,自动完成接通或分断等动作的电器,如接触器、继电器等
	非自动切换电器	主要依靠外力(如手控)直接操作来进行切换的电器,如按钮、低压开关等
按低压电器的执行机构分	有触点电器	具有可分离的动触点和静触点,主要利用触点的接触和分离来实现电路的接通和断开控制,如接触器、继电器等
	无触点电器	没有可分离的触点,主要利用半导体元器件的开关效应来实现电路的通断控制,如接近开关、固态继电器等

1.2.3.2　主令电器

主令电器是在自动控制系统中发出指令和信号的操纵电器,主要用来切换控制电路。常用的主令电器有按钮开关、位置开关、万能转换开关和主令控制器等。

1. 按钮

按钮是一种结构简单、使用广泛的手动主令电器,在低压控制电路中,用来发出手动指令,远距离控制其他电器,再由其他电器去控制主电路或转移各种信号,也可以直接用来转换信号电路和电器联锁电路等。

(1) 按钮的型号与含义

按钮的型号与含义如图 1.34 所示。

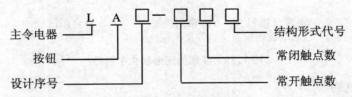

图 1.34　按钮的型号与含义

常用按钮的型号有 LA4、LA10、LA18、LA19、LA25 等系列,如图 1.35 所示。

(2) 按钮的结构

按钮的结构主要由静触点、动触点、复位弹簧、按钮帽、外壳等组成。如图 1.36 所示。

(3) 按钮的符号

按钮按用途和触头的结构不同可以分为启动按钮、停止按钮及复合按钮,其图形和文字符号如图 1.37 所示。

图 1.35　常用按钮的外形

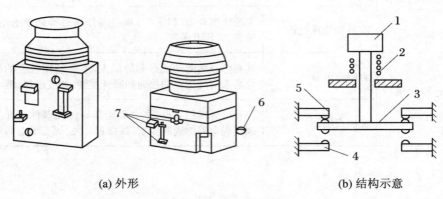

(a) 外形　　　　　　　　　　(b) 结构示意

图 1.36　按钮的结构

1. 按钮帽；　2. 复位弹簧；　3. 动触点；　4. 常开触点的静触点；　5. 常闭触点的静触点；
6、7. 触点接线柱

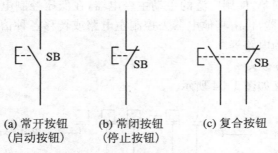

(a) 常开按钮　　(b) 常闭按钮　　(c) 复合按钮
　(启动按钮)　　(停止按钮)

图 1.37　按钮的图形和文字符号

（4）按钮的选用

① 根据使用场合和具体用途选择按钮开关的种类；

② 根据工作状态指示和工作情况要求,选择按钮和指示灯的颜色,启动按钮选用绿色或黑色,停止按钮或紧急停止选用红色；

③ 根据用途选择合适的形式；

④ 根据控制回路的需要确定按钮数。

（5）按钮的安装

① 按钮安装在面板上时,应布置整齐,排列合理,如根据电动机启动的先后顺序,从上到下或从左到右排列；

② 同一机床运动部件有几种不同的工作状态时(如上、下、前、后、松、紧等),应使每一对相反状态的按钮安装在一组;

③ 按钮的安装应牢固,安装按钮的金属板或金属按钮盒必须可靠接地;

④ 由于按钮的触点间距较小,如有油污等时极易发生短路故障,因此应注意保持触点间的清洁。

2. 行程开关

行程开关又称位置开关或限位开关。它的作用和按钮相同,只是其触头的动作不是靠手按而是利用生产机械中的运动部件的碰撞而动作(利用运动部件上的挡块碰压而使触头动作),来接通或分断某些控制电路。

(1) 行程开关的型号与含义

行程开关的型号与含义如图 1.38 所示。

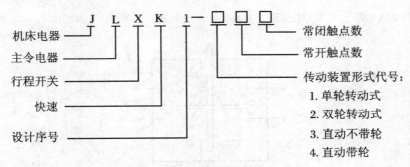

图 1.38　行程开关的型号与含义

(2) 行程开关的结构

行程开关的种类很多,按动作方式分为瞬动型和蠕动型;按其头部结构可分为直动式(如 LX1、JLXK1 系列)、滚轮式(如 LX2、JLXK2 系列)和微动式(如 LXW-11、JLXK1-11系列)3 种。如图 1.39 所示,分别为直动式、滚轮式和微动式行程开关的结构图。

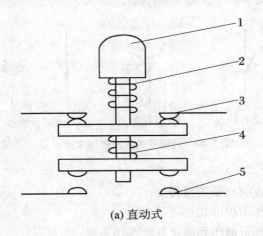

(a) 直动式

1.顶杆;　2.弹簧;　3.常闭触点;　4.触点弹簧;　5.常开触点

图 1.39　直动式、滚轮式和微动式行程开关的结构图

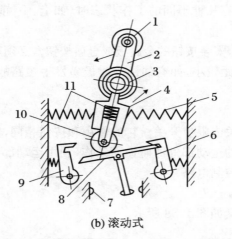

(b) 滚动式

1. 滚轮；　2. 上轮臂；　3、5、11. 弹簧；　4. 套架；　6、9. 压板；　7. 触点；　8. 触点推杆；　10. 小滑轮

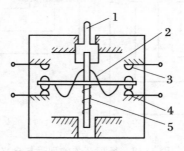

(c) 微动式

1. 推杆；　2. 弯形片状弹簧；　3. 常开触点；　4. 常闭触点；　5. 复位弹簧

图 1.39(续)

（3）行程开关的符号

行程开关的图形和文字符号如图 1.40 所示。

(a) 常开触点　　　　(b) 常闭触点　　　　(c) 复合触点

图 1.40　行程开关的图形和文字符号

（4）行程开关的选用

① 根据使用场合及控制对象选择种类；

② 根据安装环境选择防护形式；

③ 根据控制回路的额定电压和额定电流选择系列；

④ 根据行程开关的传力与位移关系选择合理的操作头形式。

（5）行程开关的安装

① 行程开关安装时,安装位置要准确,安装要牢固,滚轮的方向不能装反；

② 挡铁与其碰撞的位置应符合控制线路的要求,并确保能可靠地与挡铁碰撞。

1.2.3.3　熔断器

熔断器是低压配电系统和电力拖动系统中常用的安全保护电器,主要用于短路保护,有时也可用于过载保护。主体是用低熔点的金属丝或金属薄片制成的熔体,串联在被保护电路中。在正常情况下,熔体相当于一根导线;当电路短路或过载时,电流很大,熔体因过热而熔化,从而切断电路起到保护作用。低压熔断器具有结构简单、价格便宜、动作可靠和使用维护方便等优点。

1. 熔断器的分类

低压熔断器按结构可以分为半封闭插入式熔断器、有填料螺旋式熔断器、有填料封闭管式熔断器和无填料封闭管式熔断器。按用途分可以分为一般工业用熔断器,保护硅元件用快速熔断器,具有两段保护特性、快慢动作熔断器以及特殊用途熔断器(自复式熔断器和直流引用熔断器)。

2. 熔断器的型号

熔断器的型号与含义如图 1.41(a)所示。

3. 熔断器的符号

熔断器的图形和文字符号如图 1.41(b)所示。

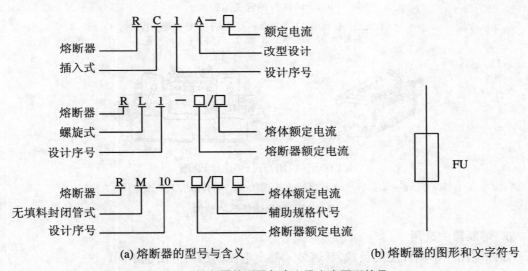

(a) 熔断器的型号与含义　　　　　　　　　(b) 熔断器的图形和文字符号

图 1.41　熔断器的型号与含义及文字图形符号

4. 常用的熔断器

常用的熔断器有瓷插式、螺旋式、无填料封闭管式、有填料封闭管式(快速熔断器)等,常用熔断器的结构如图 1.42 所示。

5. 熔断器的技术数据

(1) 额定电压:熔断器长期工作能够承受的最大电压。

(2) 额定电流:熔断器(绝缘底座)允许长期通过的电流。

(3) 熔体的额定电流:熔体长期正常工作而不熔断的电流。

(4) 极限分断能力:熔断器所能分断的最大短路电流值。

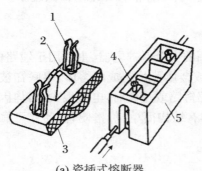
(a) 瓷插式熔断器

1. 动触点；2. 熔丝；3. 瓷盖；
4. 静触点；5. 瓷底

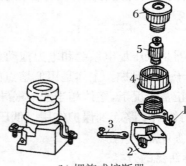
(b) 螺旋式熔断器

1. 上接线柱；2. 瓷底；3. 下接线柱；
4. 瓷套；5. 熔芯；6. 瓷帽

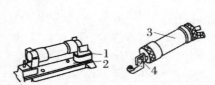

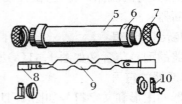

(c) 无填料封闭管式熔断器

1. 夹座；2. 底座；3. 熔断器；4. 夹座；5. 硬质绝缘管；
6. 黄铜套管；7. 黄铜帽；8. 插刀；9. 熔体；10. 夹座

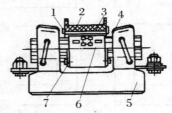

(d) 有填料封闭管式(快速)熔断器

1. 熔断指示器；2. 硅砂(石英砂填料)；3. 熔丝；4. 插刀；5. 底座；6. 熔体；7. 熔管

图 1.42　常用熔断器的结构

6. 熔断器的选用

熔断器用于不同性质的负载,其熔体的额定电流的选用方法也不同。

（1）熔断器类型的选择:其类型应根据线路的要求、使用场合和安装条件选择。

（2）熔断器额定电压的选择:其额定电压应大于或等于线路的工作电压。

（3）熔断器额定电流的选择:其额定电流必须大于或等于所装熔体的额定电流。

（4）熔体的额定电流的选择:

① 对电炉、照明等阻性负载电路的短路保护,熔体的额定电流应稍大于或等于电路的工作电流。

② 对一台电动机负载的短路保护,考虑到电动机受启动电流的冲击,熔体的额定电流 I_{RN} 应大于或等于 $1.5 \sim 2.5$ 倍电动机额定电流 I_N。轻载启动或启动时间较短时,系数可取近 1.5,带重载启动或启动时间较长时,系数可取 2.5。

③ 对多台电动机的短路保护,熔体的额定电流应满足:$I_{RN} \geqslant (1.5 \sim 2.5)I_{Nmax} + \sum I_N$。

④ 在配电系统中通常有多级熔断器保护,发生短路故障时,远离电源端的前级熔断器应先熔断。所以一般后一级熔体的额定电流比前一级熔体的额定电流至少大一个等级。

7. 熔断器的安装

① 瓷插式熔断器:拔下熔断器瓷插盖,将瓷插式熔断器垂直固定在配电板上。用单股导线与熔断器底座上的接线端子(静触点)相连。安装熔体时,必须保证接触良好,不允许有机械损伤,若熔体为熔丝,应预留安装长度,固定熔丝的螺丝应加平垫圈,将熔丝两端沿压紧螺丝顺时针方向绕一圈。

② 螺旋式熔断器:螺旋式熔断器的电源进线应接在下接线端子上,负载出线应接在上接线端子上。

③ 严禁在三相四线制电路的中性线上安装熔断器,而在单相两线制的中性线上要安装熔断器。

④ 安装熔断器除保证适当的电气距离外,还应保证安装位置间有足够的间距,以便于拆卸、更换熔体。

⑤ 更换熔体时,必须先断开负载。因熔体烧断后,外壳温度很高,容易烫伤,因此,不要直接用手拔管状熔体。

1.2.3.4　低压开关

低压开关主要用作隔离、转换以及接通和分断电路。有时也可用来控制小容量电动机的启动、停止和正反转。它一般为非自动切换电器,常用的有刀开关、转换开关和低压断路器等。

1. 刀开关

刀开关是一种手动配电电器,主要用来手动接通与断开交、直流电路,通常只作电源隔离开关使用,也可用于不频繁地接通和断开额定电流以下的负载,如小型电动机、电阻炉等。

(1) 刀开关型号

刀开关型号如图 1.43 所示。

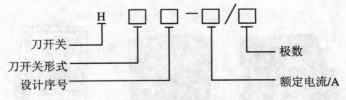

图 1.43　刀开关的型号

刀开关的常见形式如下。K:开启式负荷开关;　R:熔断器式刀开关;　H:半闭式负荷开关;　Z:组合开关

(2) 常用的刀开关

刀开关常用的产品有 HD11～HD14 和 HS11～HS13 系列刀开关,HK1、HK2 系列开启式负荷开关,HH3、HH4 系列封闭式负荷开关,HR3 系列熔断器刀开关等。

① 开启式负荷开关:开启式负荷开关又称瓷底胶盖开关,它的外形及结构图如图 1.44 所示。它的瓷质底座上装有进线座、静触点、熔丝、出线座和刀片式的动触点,上面还有两块

胶盖。开启式负荷开关装在上部,由进线座和静夹座组成。熔断器装在下部,由出线座、熔丝和动触刀组成。动触刀上端装有瓷质手柄以便于操作,上下两部用两个胶盖以紧固螺钉,将开关零件罩住防止电弧或触及带电体伤人。开启式负荷开关安装时,手柄要向上,不得倒装或平装。倒装时,手柄有可能因自动下滑而引起误合闸,造成人身事故。接线时应将电源线接在上端,负载接在熔断器下端,这样拉闸后刀开关与电源隔离,便于更换熔丝。开启式负荷开关用于一般照明电路和功率小于 5.5 kW 的电动机的控制,其文字和图形符号如图 1.45 所示。

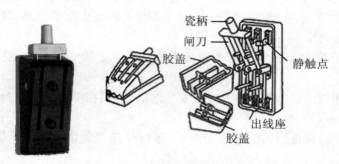

图 1.44　开启式负荷开关的外形及结构图

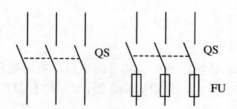

图 1.45　开启式负荷开关的文字和图形符号

② 封闭式负荷开关:封闭式负荷开关又称铁壳开关。它的外形及结构图如图 1.46 所示。它由闸刀、熔断器、操作机构和钢板(铸铁)外壳组成。三极铁壳开关既可用作工作机械的电源隔离开关,也可用作负荷开关。为保证用电安全,铁壳上装有机械联锁装置,当箱盖打开时,手柄不能操纵开关合闸;闸刀合闸后,箱盖不能打开。其文字和图形符号如图 1.47 所示。

图 1.46　封闭式负荷开关的外形及结构图

(3) 刀开关的选用

① 刀开关的极数要与电源进线相数相等;

② 刀开关的额定电压应大于所控制的线路额定电压；

③ 刀开关的额定电流大于负载的额定电流；

④ 用于照明和电热负载时可选用额定电压 220 V 或 250 V，额定电流大于或等于电路最大工作电流的两极开关；

⑤ 用于电动机的直接启动和停止，选用额定电压 380 V 或 500 V，额定电流大于或等于电动机额定电流 3 倍的三极开关。

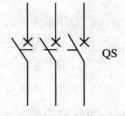

图 1.47　封闭式负荷开关的文字和图形符号

（4）刀开关的安装

① 刀开关必须垂直安装在控制屏或开关板上，不允许倒装或平装，接通状态时手柄应朝上，以防发生误合闸事故。接线时进线和出线不能接反，防止在更换熔体时发生触电事故。

② 刀开关控制照明和电热负载使用时，要装接熔断器作短路和过载保护。接线时应将电源线接在上端，负载接在下端，这样拉闸后刀片与电源隔离，可防止意外事故发生。

③ 更换熔体时，必须在闸刀断开的情况下按原规格更换。

④ 在接通和断开操作时，应动作迅速，使电弧尽快熄灭。

2. 转换开关

转换开关又称为组合开关，实质上是一种特殊的刀开关。它的特点是用动触片的左右旋转来代替闸刀的推合和拉开，结构较为紧凑。在机床电气设备中用作电源引入开关，也可用来直接控制小容量三相异步电动机非频繁正、反转。其结构及符号如图 1.48 所示。

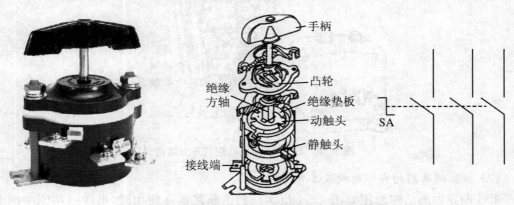

图 1.48　转换开关的外形、结构及文字和图形符号

三极组合开关共有 6 个静触头和 3 个动触片。静触头的一端固定在胶木边框上，另一端伸出盒外，以便和电源及用电器相连接。三个动触片装在绝缘垫板上，并套在方轴上，通过手柄可使方轴作 90°正反向转动，从而使动触头与静触头保持闭合和分断。在开关的顶部还装有扭簧贮能机构，使开关能快速闭合与分断。常用的转换开关为 HZ10 系列，是全国统一设计产品。

3. 低压断路器

低压断路器又称自动空气开关或自动空气断路器，是能自动切断故障电流并兼有控制和保护功能的低压电器。它主要用在交直流低压电网中，既可手动又可自动分合电路，且可对电路或用电设备实现过载、短路和欠电压等保护，也可用于不频繁启动电动机。

（1）低压断路器的型号

低压断路器的型号如图 1.49 所示。

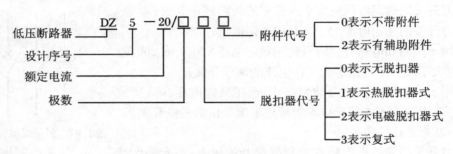

图 1.49　低压断路器的型号

常用的型号有 DZ5-20 型，DZ5-20 型自动空气开关结构如图 1.50 所示，主要由动触点、静触点、灭弧装置、操作机构、热脱扣器、电磁脱扣器、欠电压脱扣器及外壳等部分组成。操作结构在中间，其两边有热脱扣器和电磁脱扣器；触头系统在下面，除三对主触头外，还有常开及常闭辅助触头各一对，上述全部结构均装在壳内，按钮和触头的接线柱分别伸出壳外。

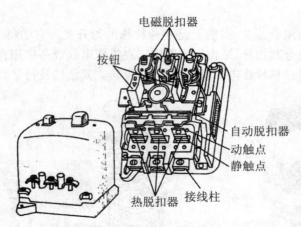

图 1.50　DZ5-20 型自动空气开关结构

（2）低压断路器的内部结构及工作原理

低压断路器的结构原理如图 1.51 所示。低压断路器在使用时，电源线接图中的 L_1、L_2、L_3 端为负载接线端。手动合闸后，动、静触点闭合，脱扣联杆 9 被锁扣 7 的锁钩钩住，它又将合闸联杆 5 钩住，将触点保持在闭合状态。发热元件 14 与主电路串联，有电流流过时发出热量，使热脱扣器 6 的下端向左弯曲。发生过载时，热脱扣器 6 弯曲到将脱扣锁钩推离脱扣联杆，从而松开合闸联杆，动、静触点受弹簧 3 的作用而迅速分开。电磁脱扣器 8 有一个匝数很少的线圈与主电路串联。

发生短路时，电磁脱扣器 8 使铁芯脱扣器上部的吸力大于弹簧的反力，脱扣锁钩向左转动，最后也使触点断开。同时电磁脱扣器兼有欠压保护功能，这样断路器在电路发生过载、短路和欠压时起到保护作用。如果要求手动脱扣，按下按钮 2 就可使触点断开。脱扣器的脱扣量值都可以进行整定，只要改变热脱扣器所需要的弯曲程度和电磁脱扣器铁芯机构的气隙大小就可以了。当低压断路器由于过载而断开时，应等待 2～3 min 才能重新合闸，以保证热脱扣器回复原位。

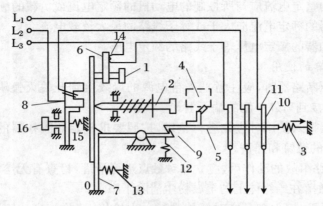

图 1.51 低压断路器的结构原理

1. 热脱扣器的整定按钮；2. 手动脱扣按钮；3. 脱扣弹簧；4. 手动合闸机构；5. 合闸联杆；
6. 热脱扣器；7. 锁钩；8. 电磁脱扣器；9. 脱扣联杆；10、11. 动、静触点；12、13. 弹簧；
14. 发热元件；15. 电磁脱扣弹簧；16. 调节按钮

（3）低压断路器的符号

低压断路器的符号如图 1.52 所示。

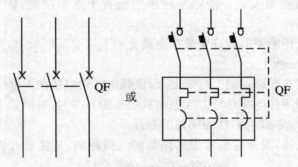

图 1.52 低压断路器的符号

（4）低压断路器的主要技术数据

① 额定电压：低压断路器长期正常工作所能承受的最大电压。

② 壳架等级额定电流：每一塑壳或框架中所能装的最大额定电流脱扣器。

③ 断路器额定电路：脱扣器允许长期通过的最大电流。

④ 分断能力：在规定条件下能够接通和分断的短路电流值。

⑤ 限流能力：对限流式低压断路器和快速断路器要求有较高的限流能力，能将短路电流限制在第一个半波峰值下。

⑥ 动作时间：从电路出现短路的瞬间到主触头开始分离后电弧熄灭，电路完全分断所需的时间。

⑦ 使用寿命：包括电寿命和机械寿命，是指在规定的正常负载条件里，低压断路器可靠操作的总次数。

（5）低压断路器的选用

① 低压断路器的额定电压和额定电流应大于或等于线路、设备的正常工作电压和工作电流。

② 热脱扣器的整定电流应与所控制的电动机的额定电流或负载的额定电流一致。

③ 电磁脱扣器的额定电流应大于或等于线路的最大负载电流。

④ 欠电压脱扣器的额定电压等于线路的额定电压。

(6) 低压断路器的使用

① 在安装低压断路器时,应注意把来自电源的母线接到开关灭弧罩一侧的端子上,来自电气设备的母线接到另外一侧的端子上。

② 低压断路器投入使用时应先进行整定,按照要求整定热脱扣器的动作电流,以后就不应随意旋动有关的螺钉和弹簧。

③ 发生断、短路事故的动作后,应立即对触点进行清理,检查有无熔坏,清除金属熔粒、粉尘等,特别要把散落在绝缘体上的金属粉尘清除干净。

④ 在正常情况下,每六个月应对开关进行一次检修,清除灰尘。使用低压断路器来实现短路保护比熔断器要好,因为当三相电路短路时,很可能只有一相的熔断器熔断,造成单相运行。对于低压断路器来说,只要造成短路都会使开关跳闸,将三相同时切断。低压断路器还有其他自动保护作用,所以性能优越。但它结构复杂,操作频率低,价格高,因此适用于要求较高的场合(如电源总配电盘)。

(7) 低压断路器的安装

① 低压断路器应垂直安装。断路器底板应垂直于水平位置,固定后,断路器应安装平整。

② 板前接线的低压断路器允许安装在金属支架上或金属底板上,但板后接线的低压断路器必须安装在绝缘底板上。

③ 电源进线应接在断路器的上母线上,而负载出线则应接在下母线上。

④ 当低压断路器用作电源总开关或电动机的控制开关时,在断路器的电源进线则必须加装隔离开关、刀开关或熔断器,作为明显的断开点。

⑤ 为防止发生飞弧,安装时应考虑断路器的飞弧距离,并注意灭弧室上方接近飞弧距离处不跨接母线。

1.2.3.5　接触器

接触器是一种用来频繁地接通和断开(交、直流)负荷电流的电磁式自动切换电器,主要用于控制电动机、电焊机、电容器组等设备,具有低压释放的保护功能,适用于频繁操作和远距离控制,是电力拖动自动控制系统中使用最广泛的电气元器件之一。

1. 交流接触器

按主触点控制的电流性质分,接触器可以分为直流接触器和交流接触器。交流接触器的用途是远距离频繁地接通或断开交直流主电路及大容量控制电路,还具有欠压、失压保护,同时有自锁、联锁的作用。

(1) 交流接触器的型号与含义

常用交流接触器的型号有 CJ0 系列、CJ10 系列、CJ12 系列等,其型号含义如图 1.53 所示。

(2) 交流接触器的结构

交流接触器主要由电磁机构、触点系统、灭弧装置及其他部件等组成,如图 1.54 所示。

① 电磁机构:电磁机构由线圈、动铁芯(衔铁)和静铁芯组成,其作用是将电磁能转换成机械能,产生电磁吸力带动触点动作。

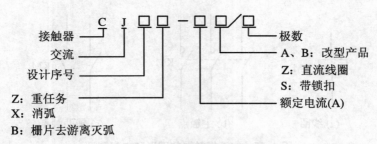

图 1.53　交流接触器的型号与含义

② 触点系统:包括主触点和辅助触点。主触点用于通断主电路,通常为三对常开触点;辅助触点用于控制电路,起电气联锁作用,故又称联锁触点,一般常开、常闭各两对。

③ 灭弧装置:容量在 10 A 以上的接触器都有灭弧装置,对于小容量的接触器,常采用双断口触点灭弧、电动力灭弧、相间弧板隔弧及陶土灭弧罩灭弧。对于大容量的接触器,采用纵缝灭弧罩及栅片灭弧。

④ 其他部件:包括反作用弹簧、缓冲弹簧、触点压力弹簧、传动机构及外壳等。

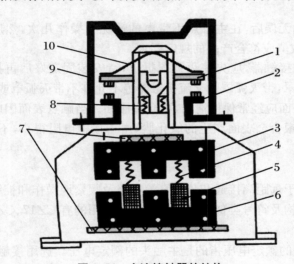

图 1.54　交流接触器的结构

1. 动触头;　2. 静触头;　3. 衔铁;　4. 弹簧;　5. 线圈;　6. 铁芯;
7. 垫毡;　8. 触头弹簧;　9. 灭弧罩;　10. 触头压力弹簧

(3) 交流接触器的工作原理

当吸引线圈得电后,线圈电流在铁芯中产生磁通,该磁通对衔铁产生克服复位弹簧反力的电磁吸力,使衔铁带动触点动作。触点动作时,常闭触点先断开,常开触点后闭合。当线圈中的电压值降低到某一数值时(无论是正常控制还是欠电压、失电压故障,一般降至线圈额定电压的 85%),铁芯中的磁通下降,电磁吸力减小,当减小到不足以克服复位弹簧的反力时,衔铁在复位弹簧的反力作用下复位,使主、辅触点的常开触点断开,常闭触点恢复闭合。这也是接触器的失压保护功能。

(4) 交流接触器的符号

交流接触器的图形和文字符号如图 1.55 所示。

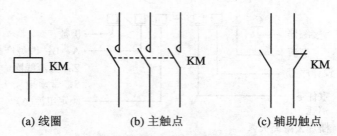

图 1.55　交流接触器的图形和文字符号

（5）交流接触器的安装

① 安装前检查接触器铭牌与线圈的技术参数是否符合实际使用要求；检查接触器外观，应无机械损伤；用手推动接触器可动部分时，接触器应动作灵活；灭弧罩应完整无损，固定牢固；测量接触器的线圈电阻和绝缘电阻等。

② 接触器一般应安装在垂直面上，倾斜度应小于 50°；安装和接线时，注意不要将零件失落或掉入接触器内部，安装孔的螺钉应装有弹簧垫圈和平垫圈，并拧紧螺钉以防振动松脱。

③ 检查接线正确无误后，在主触点不带电的情况下操作几次，然后测量产品的动作值和释放值，所测得的数值应符合产品的规定要求。

④ 对有灭弧室的接触器，应先将灭弧罩拆下，待安装固定好后再把灭弧罩装上。拆装时注意不要损坏灭弧罩，带灭弧罩的交流接触器绝不允许不带灭弧罩或带破损灭弧罩运行。

⑤ 接触器触点表面应经常保持清洁，不允许涂油。当触点表面因电弧作用形成金属小珠时，应及时铲除，但银合金表面产生的氧化膜，由于接触电阻很小，不必铲修，否则会缩短触点寿命。

2. 直流接触器

直流接触器是用于远距离接通和分断直流电路及频繁地操作和控制直流电动机的一种自动控制电器。其结构及符号类似于交流接触器。常用的有 CZ17、CZ18、CZ21 等系列。

3. 接触器的选用

① 接触器铭牌上的额定电压指的是主触头的额定电压。选用接触器时，主触头所控制的电压应小于或等于它的额定电压。

② 接触器铭牌上的额定电流是指主触头的额定电流。选用时，主触头额定电流应等于或稍大于电动机的额定电流。

③ 同一系列、同一容量的接触器，其线圈的额定电压有好几种规格，应使接触器吸引线圈额定电压等于控制回路的电压。

④ 触头数目：接触器的触头数目应能满足控制线路的要求。

⑤ 额定操作频率：接触器额定操作频率是指每小时接通次数。通常交流 60 次/h，直流 1 200 次/h。

1.2.3.6　继电器

继电器是根据某种输入物理量的变化，来接通和分断控制电路的电器。其主要用于控制与保护电路或作信号转换用。当输入量变化到某一定值时，继电器动作，其触头接通或断开交直流小容量的控制电路。

继电器的分类：

① 按用途分：控制继电器和保护继电器。

② 按动作原理分：电磁式继电器、感应式继电器、电动式继电器、电子式继电器和热继电器。

③ 按输入信号的不同分：电压继电器、中间继电器、电流继电器、时间继电器、速度继电器。

1. 电磁式继电器

电磁式继电器是应用得最早、最多的一种继电器，其结构和工作原理与接触器大体相同，也由铁芯、衔铁、线圈、复位弹簧和触点等部分组成。如图1.56所示。

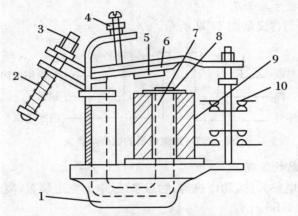

图1.56 电磁式继电器的典型结构

1. 底座； 2. 反力弹簧； 3、4. 调节螺钉； 5. 非磁性垫片； 6. 衔铁；

7. 铁芯； 8. 极靴； 9. 电磁线圈； 10. 触点系统

电磁式继电器按输入信号的性质可分为：电磁式电流继电器、电磁式电压继电器和电磁式中间继电器。

（1）电磁式电流继电器

① 过电流继电器：过电流继电器用作电路的过电流保护。正常工作时，线圈电流为额定电流，此时衔铁为释放状态；当电路中电流大于负载正常工作电流时，衔铁才产生吸合动作，从而带动触点动作，断开负载电路。所以电路中常用过电流继电器的常闭触点。

② 欠电流继电器：欠电流继电器在电路中作欠电流保护。正常工作时，线圈电流为负载额定电流，衔铁处于吸合状态；当电路的电流小于负载额定电流，达到衔铁的释放电流时，衔铁则释放，同时带动触点动作，断开电路。所以电路中常用欠电流继电器的常开触点。

（2）电磁式电压继电器

① 过电压继电器：在电路中用于过电压保护。过电压继电器线圈在额定电压时，衔铁不产生吸合动作，只有当线圈的电压高于其额定电压的某一值时衔铁才产生吸合动作，所以称为过电压继电器。

② 欠电压继电器：在电路中用作欠电压保护。当电路中的电气设备在额定电压下正常工作时，欠电压继电器的衔铁处于吸合状态；如果电路出现电压降低至线圈的释放电压时，衔铁由吸合状态转为释放状态，同时断开与它相连的电路，实现欠电压保护。

（3）电磁式中间继电器

中间继电器的吸引线圈属于电压线圈，但它的触点数量较多（一般有 4 对常开、4 对常闭），触点容量较大（额定电流为 5～10 A），且动作灵敏。其主要用途是当其他继电器的触点数量或触点容量不够时，可借助中间继电器来扩大触点容量（触点并联）或触点数量，起到中间转换的作用。

2. 热继电器

热继电器是利用电流的热效应，当感测原件被加热到一定程度时，执行相应的动作的一种保护电器。热继电器主要用于交流电动机的过载保护、断相及电流不平衡运行的保护及其他电气设备发热状态的控制。

（1）热继电器的型号与含义

热继电器的型号与含义如图 1.57 所示。

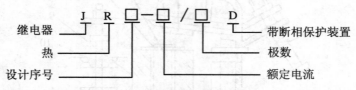

图 1.57　热继电器的型号与含义

（2）热继电器的结构原理

热继电器主要由电热元件、动作机构、触点系统、电流整定装置、复位机构和温度补偿元件等部分组成。如图 1.58 所示。

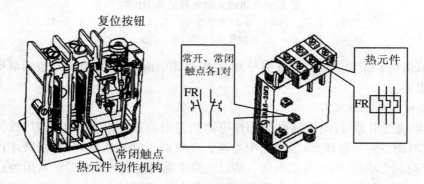

图 1.58　热继电器的结构

① 热元件：热元件由发热电阻丝做成。双金属片由两种热膨胀系数不同的金属辗压而成，当双金属片受热时，会出现弯曲变形，双金属片的材料多为铁镍铬合金和铁镍合金。电阻丝一般用康铜或镍铬合金等材料制成。

② 动作机构和触点系统：动作机构利用杠杆传递及弓簧式瞬跳机构来保证触点动作的迅速、可靠。触点为单断点弓簧跳跃式动作，一般为一常开触点、一常闭触点。

③ 电流整定装置：通过旋钮和电流调节凸轮调节推杆间隙，改变推杆移动距离，从而调节整定电流值。

④ 温度补偿元件：温度补偿元件也为双金属片。

⑤ 复位机构：复位机构有手动和自动两种形式，可根据使用要求通过复位调节螺钉来自由调整选择。一般自动复位时间不大于 5 min，手动复位时间不大于 2 min。

热继电器的工作原理是使用时,把热元件串接于电动机定子绕组电路中,而常闭触点串接于电动机的控制电路中。热继电器就是利用电流的热效应原理,在出现电动机不能承受的过载时切断电动机电路,为电动机提供过载保护的电器。当电动机正常运行时,热元件产生的热量虽能使双金属片弯曲,但还不足以使热继电器的触点动作。当电动机过载时,双金属片弯曲位移增大,推动导板使常闭触点断开,从而切断电动机控制电路以起保护作用。热继电器动作后一般不能自动复位,要等双金属片冷却后按下复位按钮复位。热继电器动作电流的调节可以借助旋转凸轮于不同位置来实现。

（3）热继电器的符号

热继电器的符号如图 1.59 所示。

（4）热继电器的选用

① 热继电器的安装方向必须与产品说明书中规定的方向相同,误差应小于 50 mm。当它与其他电器安装在一起时,应注意将其安装在其他发热电器的下方,以免动作特性受到其他电器发热的影响。

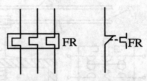

(a) 热元件　　(b) 常闭触点

图 1.59　热继电器的图形和文字符号

② 热继电器的整定电流必须按电动机的额定电流进行调整,绝对不允许弯折双金属片。

③ 一般热继电器应置于手动复位的位置上,若需要自动复位时,可将复位调节螺钉以顺时针方向向里旋紧。

④ 热继电器进、出线端的连接导线,应按电动机的额定电流正确选用,尽量采用铜导线,并正确选择导线截面积。

⑤ 热继电器由于电动机过载后动作,若要再次启动电动机,必须待热元件冷却后,能使热继电器复位。一般自动复位需要 5 min,手动复位需要 2 min。

3．时间继电器

时间继电器是在电路中起控制动作时间的继电器。它的种类很多,有电磁式、电动式、空气阻尼式、晶体管式等,常用的是空气阻尼式。

（1）时间继电器的型号与含义

时间继电器的型号与含义如图 1.60 所示。

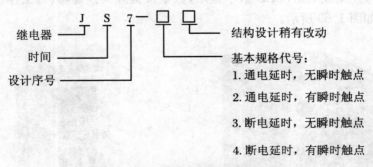

图 1.60　时间继电器的型号与含义

（2）空气式时间继电器的结构原理

空气式时间继电器用于时间控制,又称定时器,利用气囊中的空气通过小孔节流的原理来获得延时动作。根据触点延时的特点,可分为通电延时动作型和断电延时复位型两种。

其主要由电磁系统、触点系统、空气室、传动机构、基座等组成,如图 1.61 所示。

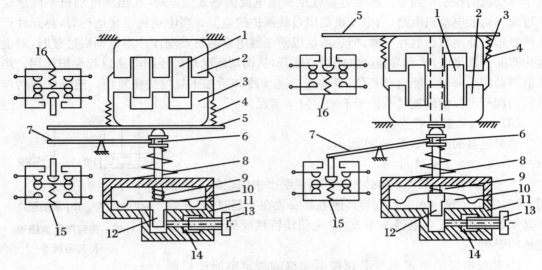

图 1.61　时间继电器的结构

1. 线圈；2. 衔铁；3. 铁芯；4. 反力弹簧；5. 推板；6. 活塞杆；7. 杠杆；8. 塔形弹簧；9. 弱弹簧；10. 橡皮膜；11. 空气室壁；12. 活塞；13. 调节螺钉；14. 进气孔；15、16. 微动开关

① 电磁系统:由线圈、铁芯和衔铁组成。

② 触点系统:包括两对瞬时触点(一常开、一常闭)和两对延时触点(一常开、一常闭),瞬时触点和延时触点分别是两个微动开关的触点。

③ 空气室:空气室为一空腔,由橡皮膜、活塞等组成。橡皮膜可随空气的增减而移动,顶部的调节螺钉可调节延时时间。

④ 传动机构:由推杆、活塞杆、杠杆及各种类型的弹簧等组成。

⑤ 基座:用金属板制成,用以固定电磁机构和气室。

随着电子技术的发展与进步,目前出现了电子式时间继电器和数字显示时间继电器。电子式时间继电器体积小、重量轻、可靠性高、使用寿命长,其外形如图 1.62 所示。数字显示时间继电器采用集成电路,LED 数字显示,数字按键开关预置,具有工作稳定、精度高等特点。其外形如图 1.63 所示。

图 1.62　电子式时间继电器外形

图 1.63　数字显示时间继电器外形

（3）时间继电器的符号

时间继电器的符号如图 1.64 所示。

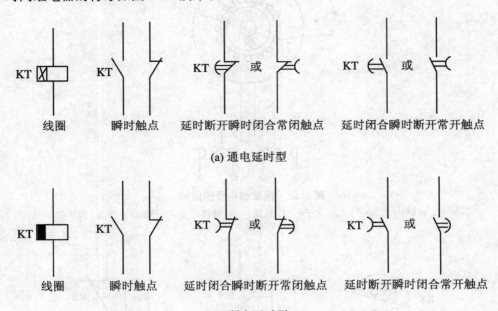

（a）通电延时型

（b）断电延时型

图 1.64　时间继电器的文字和图形符号

（4）空气式时间继电器的选用

① 根据控制电路的要求选择时间继电器的延时方式（通电延时或断电延时）。同时，还必须考虑电路对瞬时动作触点的要求。

② 根据控制电路电压选择时间继电器吸引线圈的电压。

4．速度继电器

速度继电器是依靠速度的大小为信号与接触器配合，实现对电动机的反接制动，主要用于笼型异步电动机的反接制动控制。一般速度继电器的动作速度为 120 r/min，触点的复位速度在 100 r/min 以下，转速在 3 000～3 600 r/min 能可靠地工作，允许操作频率不超过30 次/h。

（1）速度继电器的结构原理

速度继电器一般由转子、定子、线圈、摆锤、触点、转轴等部分组成，其结构如图 1.65 所示。

（2）速度继电器的符号

速度继电器的符号如图 1.66 所示。

（3）速度继电器的选用

速度继电器主要根据电动机的额定转速来选择。使用时，速度继电器的转轴应与电动机的转轴同轴连接。安装接线时，正反向的触点不能接错，否则不能起到反接制动时接通和断开反向电源的作用。

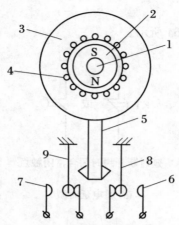

图 1.65　速度继电器的结构

1. 转轴；　2. 转子；　3. 定子；　4. 线圈；　5. 摆锤；　6、7. 静触点；　8、9. 簧片

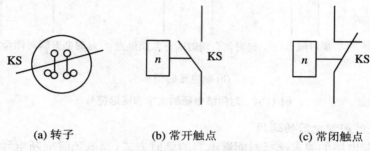

(a) 转子　　　　　　　(b) 常开触点　　　　　　(c) 常闭触点

图 1.66　速度继电器的文字和图形符号

知识链接 1.2.4　电气控制系统图的识读

电气控制系统图是由许多电气元件按一定的要求连接而成的,一般有电气原理图、电器布置图、电气安装接线图三种。

1.2.4.1　电气控制系统图

1. 电气控制系统图的图形和文字符号

电气控制系统图是电气控制电路的通用语言。为了便于交流与沟通,绘制电气控制系统图时,必须使所有的电器元件的图形符号和文字符号都符合国家标准的规定。

为了满足目前国际交流和国际国内市场的需要,国家标准化委员会参照国际电工委员会(IEC)颁布的相关文件,颁布了一系列新的国家标准,主要有《GB/T 4728—2005/2008 电气简图用图形符号》《GB/T 6988.1—2006/2008 电气技术用文件的编制》《GB/T 5094.1—2002/2003/2005 工业系统、装置与设备以及工业产品结构原则与参照代号》《GB/T 5226.1—2008 机械电气安全机械电气设备第 1 部分:通用技术条件》等。

国家规定,电气控制系统图中的图形符号和文字符号必须符合最新的国家标准。

(1) 图形符号

图形符号通常用于图样和其他文件,以表示一个设备或概念的图形、标记或字符。符号要素是一种具有确定意义的简单图形,必须同其他图形组合而构成一个设备或概念的完整符号。

（2）文字符号

文字符号分为基本文字符号和辅助文字符号,有时还配以补充文字符号,文字符号用以表明电路中的电器元件或电路的主要特征,数字标号用以区别电路的不同线段。

（3）回路标记

① 主电路各接线端子标记:三相交流电源引入线采用 L1、L2、L3 标记。主电路在电源开关的出线端按相序依次编号为 U11、V11、W11。然后按从上至下、从左至右的顺序,每经过一个电器元件后,编号要递增,如 U12、V12、W12;U13、V13、W13…单台三相交流电动机（或设备）的三根引出线,按相序依次编号为 U、V、W。对于多台电动机引出线的编号,可在字母前用不同的数字加以区别,如用 1U、1V、1W;2U、2V、2W…进行区分。

② 控制电路各电路连接点标记:控制电路采用阿拉伯数字编号,一般由三位或三位以下的数字组成。按"等电位"原则进行标注,在垂直绘制的电路图中,标号顺序一般由上而下编号,凡是被线圈、绕组、触点或电阻、电容等元件所间隔的线段（也就是每经过一个电器元件后）,都应标以不同的电路标号。

2. 电气原理图

电气原理图又称电路图,是根据电路的工作原理绘制的,用于表达电路设备电气控制系统的组成和连接关系,表示电流电源到负载的传送情况、电器元件的动作原理以及各元器件的接线端子和导线的连接关系。电气原理图中的电器元件并不是电器元件的实际安装位置和实际尺寸。某车床的电气原理图如图 1.67 所示。

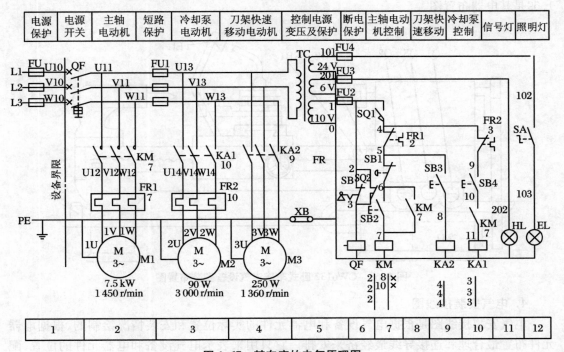

图 1.67　某车床的电气原理图

绘制和识读电气原理图时,一般需要遵循以下原则:

① 电气原理图中的图形符号、文字符号和回路标记依照最新的国家标准进行绘制。

② 电气原理图一般分为主电路、控制电路和辅助电路。主电路包括电源电路和电动机电路，是强电流电路，一般用粗实线绘制于图面的左侧或上部；控制电路是通过弱电流的部分，通常由按钮、线圈以及各类触点构成，可用细实线绘制于图面的右侧或下侧；辅助电路一般包括指示电路和照明电路，一般绘制于控制电路的右侧或下侧。

③ 在电气原理图中一般不画电器元件的实际外形图，而应采用国家统一规定的电气图形符号进行绘制。同一个电器元件的各个部件可以不画在一起，但是要用同一文字符号标注。如若在一个电气原理图中使用了多个统一种类的电器元件，则需要在其文字符号后面加注数字进行区别，比如：KM1、KM2、FR1、FR2 等。

④ 所有电器元件的图形符号必须按照电器未接通电源和没有受到外力作用时的状态进行绘制。图形符号垂直放置时，按照"左常开右常闭"的原则进行绘制；水平放置时，按照"下常开上常闭"的原则进行绘制。

⑤ 电气原理图的布局一般按照电器动作顺序从上到下或从左到右绘制。

⑥ 在电气原理图中，所有的电机、电器元件的型号、文字符号、用途、数量、额定技术数据，均应标注在其图形符号的旁边或填写在元器件明细表内。

3. 电器布置图

电器布置图表示各种电器元件或电气设备在控制柜和机械设备中的实际安装位置。电器元件要放在控制柜内，各电器元件的安装位置是由机床的结构和工作要求而决定的。比如：按钮应安装在操作台上，行程开关需要安装在能够取得信号的地方，电动机则需要和其被拖动的机械机构连接在一起。图 1.68 是 CW6132 卧式车床电气设备安装布置图。图 1.69是其电器布置图。

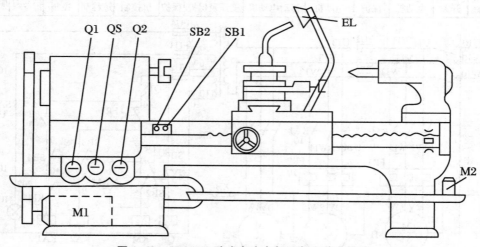

图 1.68　CW6132 卧式车床电气设备安装布置图

4. 电气安装接线图

电气安装接线图是根据电气设备和电器元件的实际位置和安装情况绘制的，根据电器元件布置最合理和连接导线最经济来安排。它只用来表示电气设备和电器元件的位置、配线方式和接线方式，而不明显表示电气动作原理和电气元器件之间的控制关系。电气安装接线图的图形和文字符号和电气原理图中的符号必须一致，同一器件的所有部件应画在一

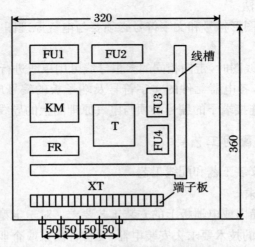

图 1.69　CW6132 卧式车床电器布置图

起,各个部件的布置应尽可能地符合这个元器件的实际情况,比例和尺寸应根据实际情况而定。图 1.70 是笼型异步电动机正反转控制的电气安装接线图。

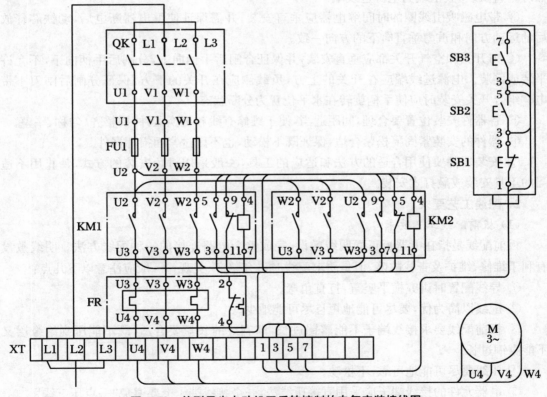

图 1.70　笼型异步电动机正反转控制的电气安装接线图

绘制电气安装接线图应遵循以下原则:

① 参照电器布置图,用规定的图、文字符号绘制各电器元件,元器件所占图面要按实际尺寸以统一比例绘制,应与实际安装位置一致,同一电器元件各部件应画在一起,并用点画

线框起来,采用集中表示法。

② 各电器元器件的图形符号和文字符号必须要与电气原理图一致,而且必须符合国家标准。

③ 绘制电器安装接线图时,走向相同的多根导线可用单线进行表示。

④ 绘制接线端子时,各电器元件的文字符号及端子板的编号应与原理图一致,并按原理图接线进行连接。各连接端子的编号必须与电气原理图上的导线编号相一致。

1.2.4.2 电气装配的工艺要求

电气装配工艺包括安装工艺和配线工艺。

1. 电器安装工艺要求

这里主要介绍电器箱内或电器板上的安装工艺要求。对于定型产品一般必须按电器元件布置图、接线图和工艺的技术要求去安装电器,要符合国家或企业标准化要求。电器安装工艺要求一般有以下几点:

① 在电器安装前,需首先仔细检查各器件是否良好,其规格型号等是否符合要求。

② RL 系列螺旋式熔断器的电源进线端应为其底座的中心端。RT0、RM 等系列熔断器应垂直安装,其上端为电源进线端。

③ 带电磁吸引线圈的时间继电器应垂直安装,并需保证使继电器断电后,动铁芯释放后的运动方向和重力垂直向下的方向一致。

④ 刀开关和空气开关都应垂直安装,并保证合闸后手柄向上,分闸后手柄向下,不允许平装或倒装。电源进线端应在开关的上方,负载侧应在开关的下方,保证分闸后闸刀不带电。组合开关安装时应使手柄旋转在水平位置为分断状态。

⑤ 各器件安装位置要合理,间距适当,便于维修查线和更换器件;要整齐、匀称、平整。

⑥ 器件的安装紧固要松紧合适,保证既不松动,也不因过紧而损坏器件。

⑦ 安装器件要使用合适的方法和适应的工具,一般采用对角安装的方式,禁止用不适当的工具安装或敲击式安装。

2. 配线工艺要求

(1) 板前配线工艺要求

板前配线是指在电器板正面明线敷设,完成整个电路连接的一种配线方法。明线敷设有利于维修、维护及查找故障,但是要求配线时讲究整齐、美观。一般应注意以下几点:

① 导线配置时讲究横平竖直,打直角弯。

② 配线以简为优,要尽可能地短且尽可能地少。

③ 板前配线要求接线端子不能露铜过长,即剥线的长短要合适,既不能压到绝缘层又不能露铜过长。

④ 压线要尽可能地可靠,不松动。

⑤ 电器元件的接线端子应采用直接压线法,一个接线端子上要避免"一点压三线"。

⑥ 控制柜内外器件在连接时必须经过端子排进行连接。

⑦ 同一平面层次的导线应高低一致,前后一致,避免交叉。另外同一区域内的导线不宜多于 3 层。

⑧ 主控回路线头均应穿套线头码(回路编号),便于装配和维修。

(2) 槽板配线的工艺要求

槽板配线是采用塑料线槽板作通道,除器件接线端子处一段引线暴露外,其余行线隐藏于槽板内的一种配线方法。与板前配线相比,其配线工艺相对简单,速度较快,适合于某些定型产品的批量生产配线。但线材和槽板的消耗较板前配线要多。配线时除了剥线、压线、端子使用等方面与板前配线有相同的工艺要求外,还应注意以下几点要求。

① 配线前需要根据行线多少和导线截面,估算和确定槽板的规格型号。保证在配线后,导线占有槽板内空间容积约 70%。

② 规划槽板的走向,应横平竖直,同时注意槽板与元器件的位置,按一定合理尺寸裁割槽板。

③ 槽板换向时应拐直角弯,连接的方式宜用横、竖各 45°角对插的方式进行连接。

④ 安装槽板要紧固可靠,避免敲打而引起破裂。

⑤ 槽板内的行线应避免过短而拉紧,应留有余量,同时尽量减少槽内交叉。

⑥ 所有行线必须套有和电气原理图一致的编号。

⑦ 穿出槽板的行线,应和板前配线的要求一样,保持横平竖直,间隔均匀,高低一致,避免交叉。

1.3　情境操作实践

任务 1.3.1　继电器控制三相异步电动机点动运行

1.3.1.1　任务描述

根据电气原理图,正确布局电器元器件,画出电器布置图,读懂电气安装接线图,并能够根据原理图和电气安装接线图正确安装三相异步电动机点动控制线路。

1.3.1.2　任务实施内容

1. 实施器材

实施器材如表 1.2 所示。

表 1.2　实施设备与器材

工具	验电笔、螺钉旋具、尖嘴钳、剥线钳、电工刀等常用工具				
仪表	VC980 数字万用表				
器材	代号	名　称	型　号	规　格	数量
	M	电动机	Y-112M-4	4 kW、380 V、8.8 A、1 440 r/min	1
	QS	组合开关	HZ10-25/3	三极额定电流 25 A	1
	FU1	熔断器	RL1-60/25	500 V、60 A、配熔体额定电流 25 A	3

	代号	名　称	型　号	规　　格	续表
					数量
器材	FU2	熔断器	RL1-15/2	500 V、15 A、配熔体额定电流 2 A	2
	KM	交流接触器	CJ10-20	20 A 线圈电压 380 V	1
	SB	按钮	LA10-3H	保护式按钮 3（代用）	1
	XT	端子板	JX2-1015	10 A，15 节	1

2. 实施步骤

① 熟悉点动控制线路原理图，如图 1.71（a）所示；画出电器布置图，如图 1.71（b）所示；读懂安装接线图，如图 1.71（c）所示。

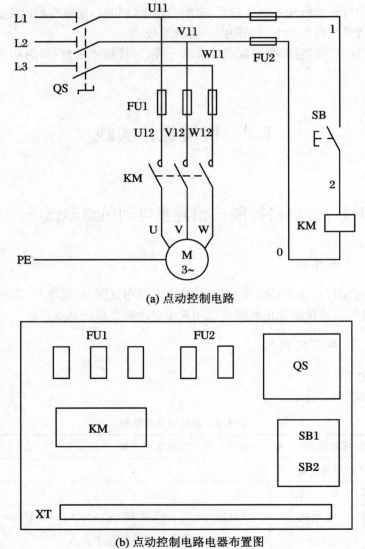

(a) 点动控制电路

(b) 点动控制电路电器布置图

图 1.71　三相异步电动机点动控制电路

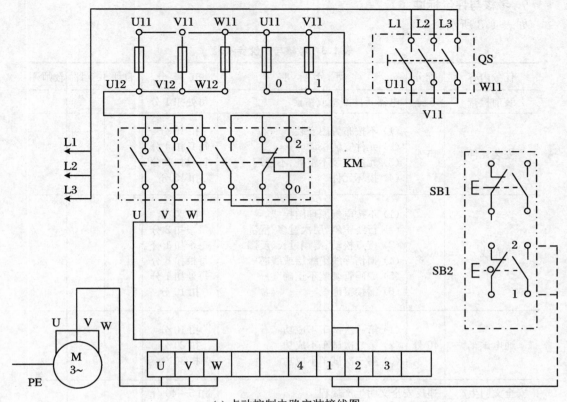

(c) 点动控制电路安装接线图

图 1.71(续)

② 检查元器件是否完好,核对其规格是否符合要求。检查完毕后,安装元器件。

③ 按照电气安装接线图及原理图进行接线。接线时注意主电路三相电源依次采用黄、绿、红三种颜色,控制电路使用蓝色线进行连接。

④ 检查并测试。接线完毕后,检查线路接线是否有误,是否牢靠,是否露铜过长等。检查无误后,接通交流电源,合上开关 QS,此时电动机不转。按下 SB 按钮,三相异步电动机 M 启动,松开按钮电动机就停止。这种按下按钮就启动,松开按钮就停止的控制就称为是点动控制。若出现三相异步电动机不能动作或交流接触器不能吸合等故障,则应断开电源,找出故障点进行排除。

3. 注意事项

三相异步电动机安装要平稳,金属外壳要可靠接地。电源进线端应接在螺旋式熔断器底座中心端子上,出线端应接在螺纹外壳上。接线要求牢固可靠,既不能压到导线绝缘层,也不能露铜过长。

4. 思考与讨论

① 点动控制的特点是什么?

② 交流接触器的工作原理是什么?

③ 螺旋式熔断器应该如何安装?

④ 检查电路时要注意哪些事项?

5. 考核与评价标准

如表 1.3 所示。

表 1.3　考核与评价参考表

任务内容	配分	评 分 标 准	扣　分	自评	互评	教师评
装前检查	5分	电器元件漏检或错检	每处扣1分			
安装元件	15分	(1) 不按布置图安装 (2) 元件安装松动 (3) 元件安装不整齐、不合理 (4) 损坏元件	扣15分 每只扣4分 每只扣3分 扣15分			
布线	40分	(1) 不按电气原理图接线 (2) 行线歪斜,层次过多、混乱 (3) 接点松动、露铜过长、反圈 (4) 损伤导线绝缘层或线芯 (5) 编码管套装不正确 (6) 漏接接地线	扣20分 每根扣3分 每个扣1分 每根扣5分 每处扣1分 扣10分			
通电试车	40分	(1) 第一次试车不成功 (2) 第二次试车不成功 (3) 第三次试车不成功	扣10分 扣20分 扣30分			
安全文明生产		违反安全文明生产规程	扣5～40分			
定额时间		2 h,每超时 5 min(不足 5 min 以 5 min 计)	扣5分			
备注		除定额时间外,各项目的最高扣分不应超过配分数				
开始时间		结束时间	总评分			

任务 1.3.2　继电器控制三相异步电动机单向连续运行

1.3.2.1　任务描述

根据电气原理图,正确布局电器元器件,画出电器布置图,读懂电气安装接线图,并能够根据原理图和电气安装接线图正确安装三相异步电动机单向连续运行控制线路。

1.3.2.2　任务实施内容

1. 实施器材

实施器材如表 1.4 所示。

表 1.4　实施设备与器材

工具	验电笔、螺钉旋具、尖嘴钳、剥线钳、电工刀等常用工具				
仪表	VC980 数字万用表				
	代　号	名　　称	型　号	规　　格	数量
	M	电动机	Y-112M-4	4 kW、380 V、8.8 A、1 440 r/min	1
	QS	组合开关	HZ10-25/3	三极额定电流 25 A	1
	FU1	熔断器	RL1-60/25	500 V、60 A、配熔体额定电流 25 A	3
器材	FU2	熔断器	RL1-15/2	500 V、15 A、配熔体额定电流 2 A	2
	KM	交流接触器	CJ10-20	20 A 线圈电压 380 V	1
	SB1、2	按钮	LA10-3H	保护式按钮 3（代用）	1
	FR	热继电器	JR16-20/3	20 A、三相、发热元件 11 A（整定值 9.5 A）	1
	XT	端子板	JX2-1015	10 A，15 节	1

2. 实施步骤

① 熟悉单向连续运行控制线路原理图，如图 1.72（a）所示；画出电器布置图，如图 1.72（b）所示；读懂安装接线图，如图 1.72（c）所示。

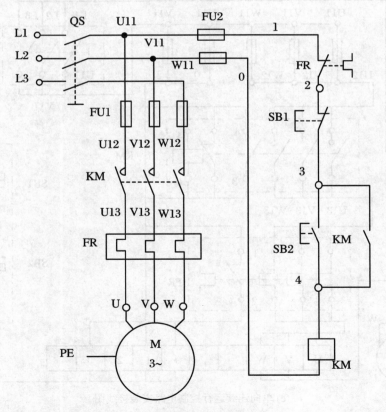

(a) 单向连续运行控制电路

图 1.72　三相异步电动机单向连续运行控制电路

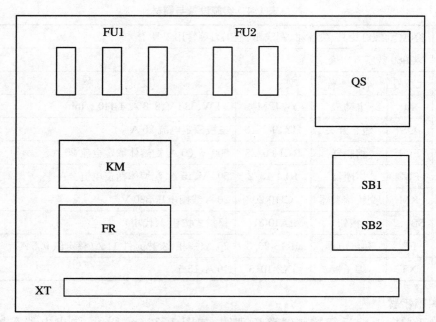

(b) 单向连续运行控制电路电器布置图

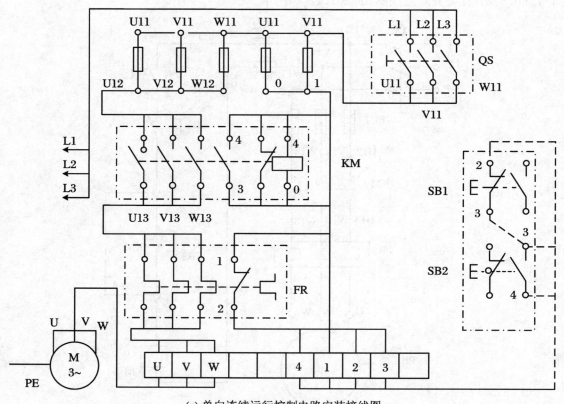

(c) 单向连续运行控制电路安装接线图

图 1.72(续)

② 检查元器件是否完好,核对其规格是否符合要求。检查完毕后,安装元器件。

③ 按照电气安装接线图及原理图进行接线。接线时注意主电路三相电源依次采用黄、绿、红三种颜色,控制电路使用蓝色线进行连接。

④ 检查并测试。接线完毕后,检查线路接线是否有误,是否牢靠,是否露铜过长等。检查无误并经指导教师检查完成后,接通交流电源,合上开关 QS,此时电动机不转,按下 SB2 按钮,三相异步电动机 M 启动运行,松开按钮电动机仍然能够运行,按下停止按钮 SB1,电机停止运行。若出现三相异步电动机不能动作或交流接触器不能吸合等故障,则应断开电源,找出故障点并进行排除。

3. 注意事项

① 三相异步电动机安装要平稳,金属外壳要可靠接地。

② 电源进线端应接在螺旋式熔断器底座中心端子上,出线端应接在螺纹外壳上。

③ 接线要求牢固可靠,既不能压到导线绝缘层,也不能露铜过长。

④ 接触器 KM 的自锁触点要并联在按钮 SB2 的两端,按钮 SB1 是串联在控制电路中的。

⑤ 热继电器的整定电流值的大小要按照规定进行调节。

⑥ 按下启动按钮 SB2 后,手要放在停止按钮 SB1 处,以防发生紧急事故时可以立即切断电源。

4. 思考与讨论

① 电路中 KM 的辅助常开触点的作用是什么?

② 热继电器的工作原理是什么?其整定电流值应如何调节?

③ 螺旋式熔断器应该如何安装?

④ 检查电路时要注意哪些事项?

5. 考核与评价标准

参照表 1.3 进行考核与评价,考核时间为 2 小时。

任务 1.3.3　继电器控制三相异步电动机正反转运行

1.3.3.1　任务描述

根据电气原理图,正确布局电器元器件,画出电器布置图,读懂电气安装接线图,并能够根据原理图和电气安装接线图正确安装三相异步电动机双重联锁正反转运行控制线路。

1.3.3.2　任务实施内容

1. 实施器材

实施器材如表 1.5 所示。

表 1.5　实施设备与器材

工具	验电笔、螺钉旋具、尖嘴钳、剥线钳、电工刀等常用工具				
仪表	VC980 数字万用表				
	代　号	名　　称	型　　号	规　　格	数量
器材	M	电动机	Y-112M-4	4 kW、380 V、8.8 A、1 440 r/min	1
	QS	组合开关	HZ10-25/3	三极额定电流 25 A	1
	FU1	熔断器	RL1-60/25	500 V、60 A、配熔体额定电流 25 A	3
	FU2	熔断器	RL1-15/2	500 V、15 A、配熔体额定电流 2 A	2
	KM1、2	交流接触器	CJ10-20	20 A 线圈电压 380 V	2
	SB1、2、3	按钮	LA10-3H	保护式按钮 3(代用)	1
	FR	热继电器	JR16-20/3	20 A、三相、发热元件 11 A(整定值 9.5 A)	1
	XT	端子板	JX2-1015	10A,15 节	1

2. 实施步骤

① 熟悉双重联锁正反转运行控制线路原理图,如图 1.73(a)所示;画出电器布置图,如图 1.73(b)所示;读懂安装接线图,如图 1.73(c)所示。

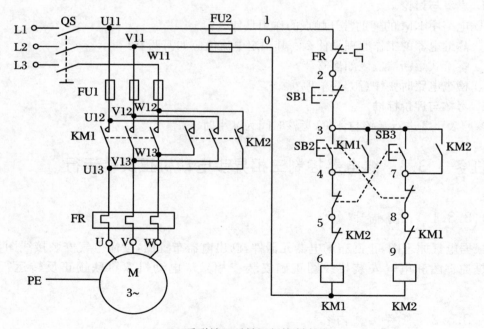

(a) 双重联锁正反转运行控制电路

图 1.73　三相异步电动机双重联锁正反转运行控制电路

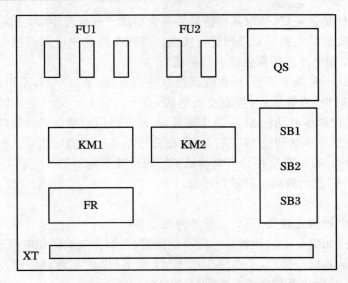

(b) 双重联锁正反转运行控制电路电器布置图

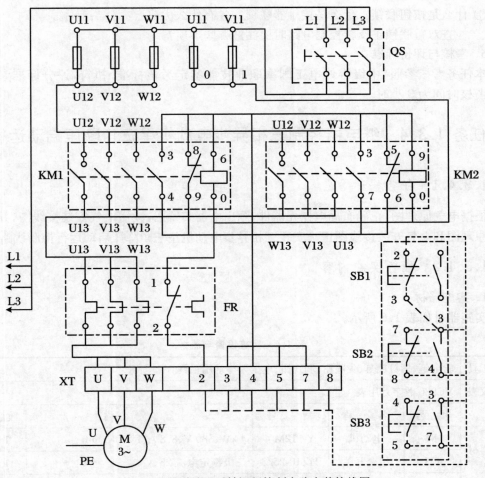

(c) 双重联锁正反转运行控制电路安装接线图

图 1.73(续)

② 检查元器件是否完好，核对其规格是否符合要求。检查完毕后，安装元器件。

③ 按照电气安装接线图及原理图进行接线。接线时注意主电路三相电源依次采用黄、绿、红三种颜色，控制电路使用蓝色线进行连接。

④ 检查并测试。接线完毕后，检查线路接线是否有误，是否牢靠，是否露铜过长等。检查无误并经指导教师检查完成后，接通交流电源，合上开关 QS，此时电动机不转，按下正转启动 SB2 按钮，三相异步电动机 M 启动正转运行，松开按钮电动机仍然能够运行，按下反转启动 SB3 按钮，三相异步电动机 M 反转运行，松开按钮电动机仍然能够运行，按下停止按钮 SB1，电机停止运行。若出现三相异步电动机正转或反转不能动作或交流接触器不能吸合等故障，则应断开电源，找出故障点并进行排除。

3．注意事项

① 三相异步电动机安装要平稳，金属外壳要可靠接地。

② 接触器和按钮的双重联锁触点一定不能接错，否则会造成两相电源短路。

③ 接线后要认真检查接线，主电路中的 KM1 和 KM2 的主触点注意一定要进行换向，控制电路的按钮和接触器互锁触点一定要认真检查。

4．思考与讨论

① 什么是按钮联锁？什么是接触器联锁？各有什么优缺点？

② 检查双重联锁正反转控制电路时要注意哪些事项？

5．考核与评价标准

本任务考核参照《中级维修电工国家职业技能鉴定考核标准》执行，评分标准参考表 1.3，考核时间为 3 小时。

任务 1.3.4　继电器控制三相异步电动机星三角降压启动运行

1.3.4.1　任务描述

根据电气原理图，正确布局电器元器件，画出电器布置图，读懂电气安装接线图，并能够根据原理图和电气安装接线图正确安装三相异步电动机星三角降压启动运行控制线路。

1.3.4.2　任务实施内容

1．实施器材

实施器材如表 1.6 所示。

表 1.6　实施设备与器材

工具	验电笔、螺钉旋具、尖嘴钳、剥线钳、电工刀等常用工具				
仪表	VC980 数字万用表				
器材	代　号	名　　称	型　　号	规　　格	数量
	M	电动机	Y-112M-4	4 kW、380 V、8.8 A、1 440 r/min	1
	QS	组合开关	HZ10-25/3	三极额定电流 25 A	1
	FU1	熔断器	RL1-60/25	500 V、60 A、配熔体额定电流 25 A	3

续表

代　号	名　　称	型　号	规　　格	数量
FU2	熔断器	RL1-15/2	500 V、15 A、配熔体额定电流 2 A	2
KM1、2、3	交流接触器	CJ10-20	20 A 线圈电压 380 V	3
SB1、2	按钮	LA10-3H	保护式按钮 3(代用)	1
FR	热继电器	JR16-20/3	20 A、三相、发热元件 11 A(整定值 9.5 A)	1
KT	时间继电器	JS7-2A	线圈电压 380 V	1
XT	端子板	JX2-1015	10 A,15 节	1

器材

2．实施步骤

① 熟悉星三角降压启动运行控制线路原理图，如图 1.74(a)所示；画出电器布置图，如图 1.74(b)所示；读懂安装接线图，如图 1.74(c)所示。

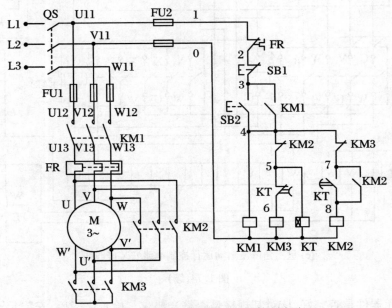

(a) 星三角降压启动运行控制电路

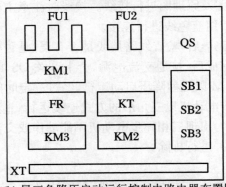

(b) 星三角降压启动运行控制电路电器布置图

图 1.74　三相异步电动机星三角降压启动运行控制电路

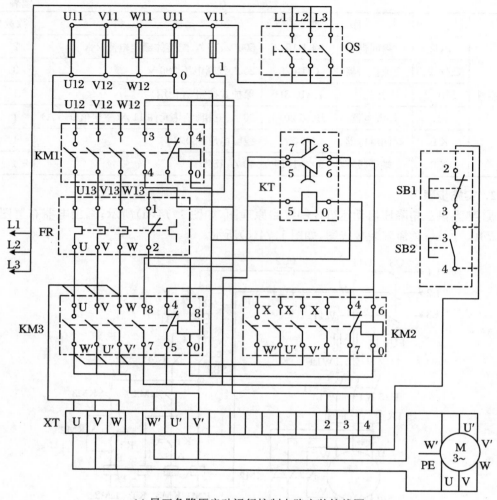

(c) 星三角降压启动运行控制电路安装接线图

图 1.74(续)

② 检查元器件是否完好,核对其规格是否符合要求。检查完毕后,安装元器件。

③ 按照电气安装接线图及原理图进行接线。接线时注意主电路三相电源依次采用黄、绿、红三种颜色,控制电路使用蓝色线进行连接。

④ 检查并测试。接线完毕后,检查线路接线是否有误,是否牢靠,是否露铜过长等。检查无误并经指导教师检查完成后,接通交流电源,合上开关 QS,此时电动机不转,按下启动按钮 SB2,三相异步电动机 M 以星型降压启动运行,经过一定时间(可以使用时间继电器设置时间的大小)后,三相异步电动机以三角形的方式连续运行,直到按下停止按钮 SB1,电机停止运行。若在操作过程中,出现三相异步电动机不能动作或交流接触器不能吸合等故障,则应断开电源,找出故障点并进行排除。

3. 注意事项

① 进行星/三角启动控制的三相异步电动机,其接法必须是三角形连接,额定电压等于三相电源的线电压。

② 分清楚三相异步电动机的三相绕组的首端和末端,接线的时候不能接错。

③ 接触器 KM3 的进线端必须由三相异步电动机的三相绕组的末端引入,一定不能从首端引入,否则一旦 KM3 线圈吸合,会导致三相电源的短路。

④ 三相异步电动机、时间继电器、接线端子板的不带电的金属外壳或底板应可靠接地。

⑤ 通电试车前,必须经过指导教师检查并在指导教师在场的情况下才允许通电试车。

⑥ 如若出现故障,学生应在教师的监护下进行排故措施的操作,可以使用万用表进行故障的检测与排除。

4. 思考与讨论

① 三相异步电动机的星形和三角形连接的方式分别是什么?

② 为什么三相异步电动机要采用降压启动的方式进行启动? 星型和三角形连接时,绕组承受的电压分别是多少?

③ 时间继电器设置的时间是不是可以无限制的大或者是无限制的小?

④ 采用星三角降压启动,对三相异步电动机有什么要求?

5. 考核与评价标准

本任务考核参照《中级维修电工国家职业技能鉴定考核标准》执行,评分标准参考表1.3,考核时间为 3 小时。

任务 1.3.5　继电器控制三相异步电动机能耗制动运行

1.3.5.1　任务描述

根据电气原理图,正确布局电器元器件,画出电器布置图,读懂电气安装接线图,并能够根据原理图和电气安装接线图正确安装三相异步电动机能耗制动运行控制线路。

1.3.5.2　任务实施内容

1. 实施器材

实施器材如表 1.7 所示。

表 1.7　实施设备与器材

工具	验电笔、螺钉旋具、尖嘴钳、剥线钳、电工刀等常用工具				
仪表	VC980 数字万用表				
器材	代　号	名　称	型　号	规　格	数量
	M	电动机	Y-112M-4	4 kW、380 V、8.8 A、1 440 r/min	1
	QS	组合开关	HZ10-25/3	三极额定电流 25 A	1
	FU1	熔断器	RL1-60/25	500 V、60 A、配熔体额定电流 25 A	3
	FU2	熔断器	RL1-15/2	500 V、15 A、配熔体额定电流 2 A	2
	KM1、2、3	交流接触器	CJ10-20	20 A 线圈电压 380 V	3
	SB1、2、3	按钮	LA10-3H	保护式按钮 3(代用)	1
	FR	热继电器	JR16-20/3	20 A、三相、发热元件 11 A(整定值 9.5 A)	1

代　号	名　　称	型　号	规　　格	数量
KT	时间继电器	JS7-2A	线圈电压 380 V	1
VD	整流二极管	2CZ30	30 A、600 V	1
R	制动电阻		0.5 Ω、50 W	1
XT	端子板	JX2-1015	10 A、15 节	1

器材

2. 实施步骤

① 熟悉能耗制动运行控制线路原理图,如图 1.75(a)所示;画出电器布置图,如图 1.75(b)所示;读懂安装接线图,如图 1.75(c)所示。

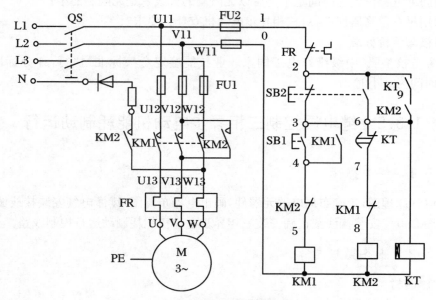

(a) 能耗制动运行控制电路

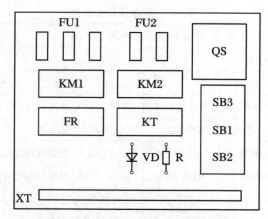

(b) 能耗制动运行控制电路电器布置图

图 1.75　三相异步电动机能耗制动运行控制电路

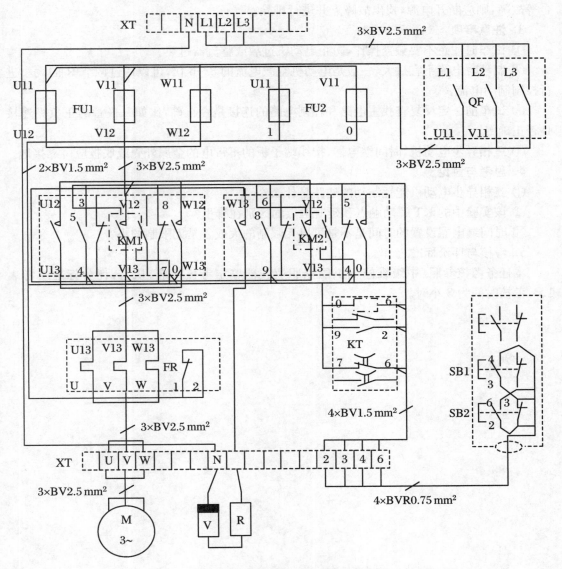

(c) 能耗制动运行控制电路安装接线图

图 1.75(续)

② 检查元器件是否完好,核对其规格是否符合要求。检查完毕后,安装元器件。

③ 按照电气安装接线图及原理图进行接线。接线时注意主电路三相电源依次采用黄、绿、红三种颜色,控制电路使用蓝色线进行连接。

④ 检查并测试。接线完毕后,检查线路接线是否有误,是否牢靠,是否露铜过长等。检查无误并经指导教师检查完成后,接通交流电源,合上开关 QS,此时电动机不转,按下启动按钮 SB1,三相异步电动机 M 启动运行,按下停止按钮 SB2,KM2 线圈得电,同时 KT 线圈得电,三相异步电动机进行能耗制动过程,经过一定时间(可以使用时间继电器设置时间的大小)后,KT 延时断开的常闭触点断开使 KM2 线圈失电,能耗制动结束,同时 KT 线圈失电,恢复至原始状态。若在操作过程中,出现三相异步电动机不能动作或交流接触器不能吸

合等故障,则应断开电源,找出故障点并进行排除。

3．注意事项

① 试车时注意不要频繁操作,防止电动机过载或整流器过热。

② 制动时电流不宜过大,一般是电动机空载电流的 3～5 倍,可以通过调节 R 的大小进行控制制动电流。

③ 试车前一定反复查找主电路和控制电路的连接是否正确,比如二极管的正负极连接是否正确等。

④ 三相异步电动机、时间继电器、接线端子板的不带电的金属外壳或底板应可靠接地。

4．思考与讨论

① 三相异步电动机能耗制动的通路是什么?

② 该实验中的 KT 瞬动触点和延时触点的区别在哪里?

③ 时间继电器设置的时间是不是可以无限制的大或者是无限制的小?

5．考核与评价标准

本任务考核参照《中级维修电工国家职业技能鉴定考核标准》执行,评分标准参考表 1.3,考核时间为 3 小时。

学习情境 2　PLC 控制三相异步电动机运行

2.1　情　境　目　标

本情境通过对 S7-200 系列 PLC 的内外部结构、STEP7-Micro/WIN 编程软件的介绍，S7-200 基本位操作指令和定时器指令等相关知识的学习，使学生初步认识 S7-200 系列 PLC，能够正确使用 PLC 完成对三相异步电动机的单向连续、自动往返、顺序控制、定子绕组串电阻的降压启动和反接制动的控制电路的安装、接线与调试。

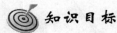 **知识目标**

① 认识 S7-200 系列 PLC，掌握其内外部结构；
② 掌握 PLC 的输入输出端子的接线方法；
③ 掌握 STEP7-Micro/WIN 编程软件的使用方法；
④ 熟悉 S7-200 基本位操作指令，能够使用基本位操作指令完成对电动机单向连续运行和自动往返以及顺序运行的控制；
⑤ 熟悉 S7-200 定时器指令，能够根据定时器指令完成电动机定子绕组串电阻的降压启动和反接制动的控制。

技能目标

① 能熟练使用 STEP7-Micro/WIN 编程软件；
② 能够熟练选择 S7-200 的各种指令；
③ 能够正确完成常用低压电器的选择和接线；
④ 能够根据电路图，正确使用 PLC 完成对三相异步电动机的单向连续、自动往返、顺序控制、定子绕组串电阻的降压启动和反接制动的控制电路的安装、接线与调试。

2.2　情境相关知识

知识链接 2.2.1　S7-200 系列 PLC 的内外部结构

2.2.1.1　S7-200 系列 PLC 的外部结构

S7-200 系列 PLC 有 CPU21X 和 CPU22X 两代产品，主要由基本单元（CPU 模块）、I/O 扩展单元（或 I/O 扩展模块）、功能单元（或功能模块）、个人计算机或编程器、STEP7-Micro/WIN 编程软件及通信电缆等构成，是典型的整体式 PLC，输入输出模块、CPU 模块、电源模块等均装在一个机壳内，其外部结构实物图如图 2.1 所示。

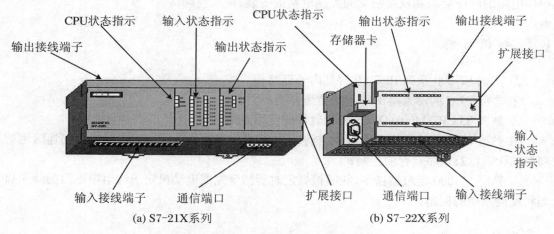

(a) S7-21X系列　　　　　　　(b) S7-22X系列

图 2.1　S7-200 系列 PLC 外部结构实物图

1. 各部件的作用

（1）输入接线端子

输入接线端子用于连接来自于外部的控制信号，比如按钮、行程开关、接近开关、传感器等。在底部端子盖下是输入接线端子、公共端端子和为传感器提供的 24 V 直流电源。

（2）输出接线端子

输出接线端子用于连接被控设备，比如接触器线圈、指示灯、电磁阀等。在顶部端子盖下的是输出接线端子、公共端端子和 PLC 的工作电源。

（3）CPU 状态指示

CPU 状态指示灯有 SF、STOP 和 RUN 共 3 个，其对应的作用如表 2.1 所示。

表 2.1　CPU 状态指示灯的作用

名　称		状态及作用
SF	系统故障	亮	严重的出错或硬件故障
STOP	停止状态	亮	不执行用户程序，可以通过编程装置向 PLC 装载程序和进行系统设置
RUN	运行状态	亮	执行用户程序

（4）输入状态指示

输入状态指示用于显示是否有控制信号（如控制按钮、行程开关、接近开关、光电开关、传感器等数字量信号）输入 PLC。当某输入端子有信号输入时，该端子的输入状态指示灯亮。

（5）输出状态指示

输出状态指示用于显示 PLC 是否有信号输出至执行设备（如接触器线圈、电磁阀、指示灯等）。当某输出端子有信号输出时，该端子的输出状态指示灯亮。

（6）扩展接口

扩展接口通过扁平电缆线，连接数字量或模拟量输入输出扩展模块、通信模块和热电偶模块等，如图 2.2 所示。

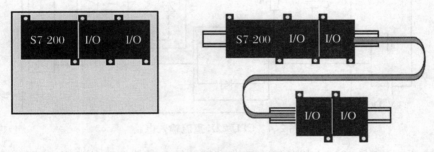

图 2.2　CPU 与扩展模块的连接

（7）通信端口

通信端口支持 PPI、MPI 通信协议，有自由口通信能力。用于连接手持式编程器、个人电脑、文本或图形显示器、触摸屏以及 PLC 网络等外部设备，如图 2.3 所示。

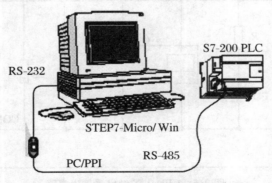

图 2.3　S7-200 与个人电脑的连接示意图

（8）存储器卡

用于扩展 CPU 的存储空间，改变用户程序的内容。

（9）模拟电位器

模拟电位器用来改变特殊寄存器（SMB28、SMB29）中的数值，以改变程序运行时的参数。如定时器、计数器的预设值，过程量的控制参数等。

2. 输入输出接线

输入输出接口电路是 PLC 与被控对象间传递输入输出信号的接口部件。各输入输出点的通断状态由输入输出状态指示灯（发光二极管 LED）来显示，外部接线一般接在 PLC 的输入输出接线端子上。

S7-200 系列 CPU 22X 主机的输入回路为直流双向耦合输入电路，如图 2.4 所示，它采用了双向光电耦合器隔离了外部输入电路与 PLC 内部电路的电气连接，使外部信号通过光耦合变成内部电路能接收的标准信号。

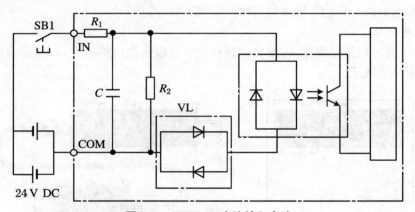

图 2.4　CPU 22X 直流输入电路

S7-200 系列 CPU 22X 主机的输出回路有继电器和晶体管两种类型，如图 2.5 和图 2.6所示。

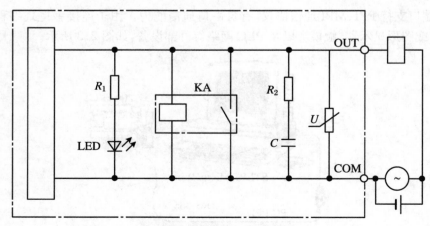

图 2.5　CPU 22X 继电器输出电路

CPU 224 PLC 有两种类型，一种是 CPU 224 AC/DC/继电器型，含义为交流 220 V 输入电源，提供 24 V 直流给外部元件（如传感器等），继电器方式输出，14 点输入，10 点输出；

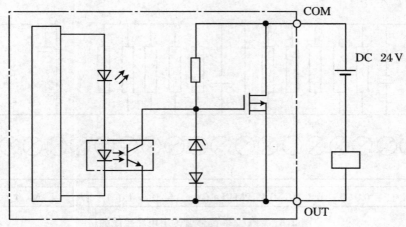

图 2.6　CPU 22X 晶体管输出电路

另一种是 CPU 224 DC/DC/DC 型,其含义为直流 24 V 电源供电,提供 24V 直流给外部元件(如传感器等),晶体管直流方式输出,14 点输入,10 点输出。

(1) 输入接线

CPU 224 的主机一共有 14 个输入点,分别是 I0.0~I0.7、I1.0~I1.5;有 10 个输出点,分别是 Q0.0~Q0.7、Q1.0~Q1.1。CPU 224 输入电路接线图如图 2.7 所示,其中 1M 和 2M 分别是 I0.0~I0.7 输入端子和 I1.0~I1.5 输入端子的公共端,L+ 和 M 是为外部元件提供 24 V 电源的接线端子。

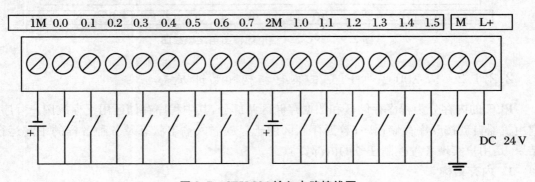

图 2.7　CPU 224 输入电路接线图

(2) 输出接线

CPU 224 的输出电路有晶体管输出电路和继电器输出电路两种供用户选用。在晶体管输出电路中,PLC 由 24 V 电源供电,负载采用了 MOSFET 功率驱动器件,所以只能用直流电源为负载供电。输出端将数字量输出分为两组,分别是 Q0.0~Q0.7、Q1.0~Q1.1,每组有一个公共端,分别是 1L、2L,可接入不同电压等级的负载电源。接线图如图 2.8 所示,其中 L+、M 是 24 V 的直流供电电源。

在继电器输出电路中,PLC 由 220 V 交流电源供电,负载采用继电器驱动,所以既可以选用直流电源为负载供电,也可以采用交流电源为负载供电。在继电器输出电路中,数字量输出被分为 3 组,每组的公共端为本组的电源供给端,Q0.0~Q0.3 共用 1L,Q0.4~Q0.6 共用 2L,Q0.7~Q1.1 共用 3L,各组之间可以接入不同电压等级、不同电压性质的负载电源,如图 2.9 所示。

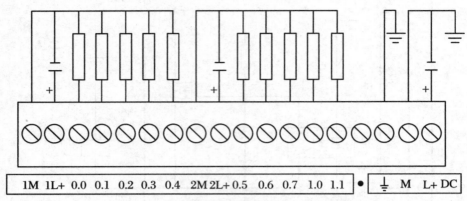

图 2.8　CPU 224 晶体管输出电路接线图

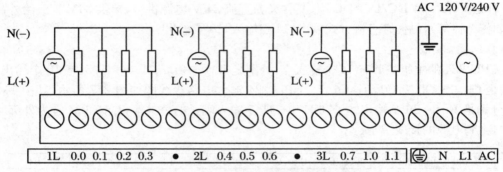

图 2.9　CPU 224 继电器输出电路接线图

2.2.1.2　S7-200 系列 PLC 的内存结构和寻址方式

PLC 的内存分为程序存储区和数据存储区两部分,其中程序存储区用于存放用户程序,它由机器自动按顺序存储程序;数据存储区用于存放输入输出状态及各种各样的中间运行结果,是用户实现各种控制任务的内部资源。

1. 内存结构

S7-200 系列 PLC 的数据存储区按存储器存储数据的长短可划分为字节存储器、字存储器和双字存储器 3 类。字节存储器有输入映像寄存器 I、输出映像寄存器 Q、变量存储器 V、内部存储器 M、特殊存储器 SM、顺序控制状态寄存器 S 和局部变量存储器 L 共 7 个;字存储器有定时器 T、计数器 C、模拟量输入寄存器 AI、模拟量输出寄存器 AQ 共 4 个;双字存储器有累加器 AC 和高速计数器 HC 共 2 个。

(1) 输入映像寄存器 I(输入继电器)

输入映像寄存器 I 是 PLC 用来接收外部设备输入信号的接口。PLC 中的"继电器"与继电器控制系统中的继电器有本质的区别,它实质上是存储单元,是"软继电器"。每个"输入继电器"线圈都与相应的 PLC 输入端子相连(如"输入继电器"I0.0 的线圈与 PLC 的输入端子 0.0 相连),当外部开关信号闭合时,则"输入继电器"的线圈得电,在程序中其常开触点闭合,常闭触点断开。编程时要注意,"输入继电器"的线圈只能由外部信号来驱动,不能在程序内部用指令驱动。因此,在用户编制的程序图中只应出现"输入继电器"的触点,不能出现"输入继电器"的线圈。

输入继电器的地址编号范围是 I0.0～I15.7。

(2) 输出映像寄存器 Q(输出继电器)

输出映像寄存器 Q 是用来将输出信号传送到负载的接口,每个"输出继电器"线圈都有一对常开触点与相应的 S7-200 的数字量输出端相连(如输出 Q0.0 有一对常开触点与 PLC 输出端子 Q0.0 相连)用于驱动负载。输出继电器的线圈只能在程序内部用指令驱动。

输出继电器的地址编号范围是 Q0.0～Q15.7。

(3) 变量存储器 V

变量存储器 V 用于存放用户程序执行过程中控制逻辑操作的中间结果,也可以用来保存与工序或任务有关的其他数据。

变量存储器的编号范围根据 CPU 型号的不同而不同,CPU 221/222 为 V0～V2047 共 2 kB 存储容量,CPU 224/226 为 V0～V5119 共 5 kB 存储容量。

(4) 内部位存储器 M(中间继电器)

内部位存储器相当于继电器控制中的中间继电器,用于保存控制继电器的中间操作状态或其他操作信息。内部位存储器在 S7-200 中没有输入输出端与之对应,所以在接线时不需要连接内部位存储器。

内部位存储器的地址编号范围是 M0.0～M31.7,共 32 字节。

(5) 特殊存储器 SM

特殊存储器用于 CPU 和用户程序之间交换信息,是 S7-200 系统程序和用户程序的接口。

特殊存储器的地址编号范围是 SM0.0～SM179.7,共 180 字节。

常用的特殊存储器的用途如下:

SM0.0:运行监视。只要 PLC 处于 RUN 状态,SM0.0 始终为"1"状态。

SM0.1:初始化脉冲。S7-200 由 STOP 到 RUN 状态时,ON(高电平)一个扫描周期(首个扫描周期为1),因此 SM0.1 的触点常用于调用初始化程序等。

SM0.2:当 RAM 中数据丢失时,导通 1 个扫描周期,用于出错处理。

SM0.3:PLC 上电进入 RUN 方式,导通一个扫描周期,用于启动操作之前给设备提供一个预热时间。

SM0.4、SM0.5:占空比为 50% 的时钟脉冲,当 PLC 处于运行状态时,SM0.4 产生周期为 1 min 的时钟脉冲,SM0.5 产生周期为 1 s 的时钟脉冲,可用于时间基准或简易延时。

SM0.6:一个扫描周期为 ON,另一个扫描周期为 OFF,循环交替。

SM0.7:工作方式开关位置指示,0 为 TREM 位置,可同编程设备通信,1 为 RUN 位置,可使自由端口通信方式有效。

SM1.0:零标志位,数学运算结果为 0 时,该位置为 1。

SM1.1:溢出标志位,数学运算结果溢出或非法数值时,该位置为 1。

SM1.2:负数标志位,数学运算结果为负数时,该位置为 1。

SM1.3:被 0 除标志位。

(6) 局部变量存储器 L

局部变量存储器 L 用于存放局部变量,其与变量存储器 V 很相似。主要区别是变量存储器 V 是全局有效的,即同一个变量可以被任何程序访问;而局部变量存储器 L 只是局部有效,即变量只和特定的程序相关联。

S7-200 有 64 个字节的局部变量存储器,其中前 60 个字节可以作为暂时存储器,或给子程序传递参数,后 4 个字节作为系统的保留字节。

(7) 定时器 T

定时器 T 相当于继电器控制系统中的时间继电器,主要起到延时接通或断开电路的作用。每一个定时器有一个 16 位的当前值寄存器,用于存储定时器累计的时基增量(1~32767),另一个状态位表示定时器的状态。若当前值寄存器累计的时基增量大于等于设定值,定时器的状态为"1",该定时器的常开触点闭合。

定时器用符号 T 表示,地址编号范围为 T0~T255,共 256 个。其定时时钟脉冲周期分别为 1 ms、10 ms 和 100 ms。各个定时器的分辨率和定时范围各不相同,用户应根据所用 CPU 的型号和时基增量,正确选用定时器的编号。

(8) 计数器 C

计数器用于累计计数输入端接收到的由断开到接通的脉冲个数。其同定时器一样,当计数器的当前值寄存器累计的脉冲数大于或等于设定值时,常开触点闭合。S7-200 有 3 种类型的计数器,加计数器、减计数器以及加减计数器。

计数器 C 的地址编号范围是 C0~C255。

(9) 高速计数器 HC

高速计数器用来累计比 CPU 扫描速率更快的事件,计数过程与扫描周期无关。

高速计数器的地址编号与 CPU 型号有关,CPU 221/222 各有 4 个高速计数器,CPU 224/226 各有 6 个高速计数器,编号为 HC0~HC5。

(10) 累加器 AC

累加器是用来暂时存放数据的寄存器,它可以用来存放运算数据、中间数据和结果,S7-200 提供了 4 个 32 位的累加器,其地址编号是 AC0~AC3。

(11) 模拟量输入/输出寄存器 AI/AQ

模拟量输入寄存器 AI 用于接收模拟量输入模块转换后的 16 位数字量。其地址编号以偶数表示,如 AIW0、AIW2…模拟量输入寄存器 AI 为只读寄存器。

模拟量输出寄存器 AQ 用于暂存模拟量输出模块的输入值,该值经过模拟量输出模块(D/A)转换后可以转换成现场所需要的标准电压或电流信号。其地址编号为 AQW0、AQW2…模拟量输出值是只写数据,用户不能读取模拟量输出值。

(12) 顺序控制继电器 S(状态元件)

顺序控制继电器是使用步进顺序控制指令编程时的重要状态元件。顺序控制继电器的地址编号范围是 S0.0~S31.7。

2. 指令寻址方式

(1) 编址方式

计算机中使用的数据都是二进制数。二进制数的基本单元是 1 个二进制位,8 个二进制位组成一个字节,2 个字节构成一个字,2 个字组成一个双字。

存储单元的存储单位可以是位(bit)、字节(byte)、字(word)或者是双字(double word),所以存储器地址的表示格式也分为位、字节、字和双字地址格式。

① 位地址格式。编址方式为:寄存器标识符 + 字节地址 + . + 位地址,如 I0.0、M0.1、

Q0.2 等。如图 2.10 所示。

② 字节、字、双字地址格式。编址方式为：寄存器标识符 + 字节长度 B/字长度 W/双字长度 D + 起始字节号，如 VB100、VW100、VD100 分别表示字节、字和双字的地址，如图 2.11 所示。VW100 由 VB100、VB101 两个字节组成，且 VB101 是低字节，VB100 是高字节；VD100 由 VB100～VB103 四个字节组成，VB103 是最低字节，VB100 是最高字节。

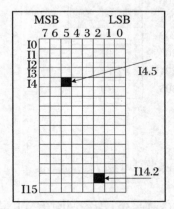

图 2.10　存储器中的位地址

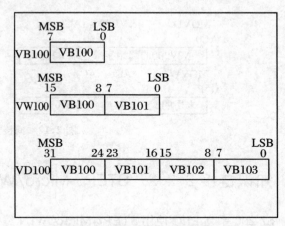

图 2.11　存储器中的字节、字、双字地址

③ 其他地址格式。数据存储区域中，还包括定时器（T）、计数器（C）、累加器（AC）、高速计数器（HC）等。它们的地址格式为：区域标识符 + 元件编号，如 T24 表示某定时器的地址。

（2）寻址方式

S7-200 系列 PLC 指令系统的数据寻址方式有 3 大类，分别是立即数寻址、直接寻址和间接寻址。

① 立即数寻址：在指令中，如果操作码后面的操作数就是指令所需要的具体数据，这种寻址方式就叫立即数寻址。如指令 MOVD 2506 VD500，该指令的功能是将十进制数 2506 传送到 VD500 存储单元中，这里 2506 是源操作数，VD500 是目的操作数。因为源操作数的数值已经在指令中了，不用再去寻找，这个操作数就是立即数，这种寻址方式就是立即数寻址。

② 直接寻址：上例 MOVD 2506 VD500 中，目标操作数的数值在指令中并未给出，只给出了要传送到的地址 VD500，这个操作数的寻址方式就是直接寻址。直接寻址是在指令中直接使用存储器或寄存器的元件名称（区域标志）和地址编号，直接到指定的区域读取或者写入数据。直接寻址有按位、字节、字、双字的寻址方式，如 I0.0、M2.0、VW100 等。

③ 间接寻址：间接寻址时操作数不提供直接数据位置，而是通过使用地址指针来存取存储器中的数据。在 S7-200 系列 PLC 中允许使用指针对 I、Q、M、V、S、T（仅当前值）、C（仅当前值）寄存器进行间接寻址。

使用间接寻址前，首先要创建一指向数据存储地址位置的指针。指针为双字（32 位），存放的是另一存储器的地址，只能用 V，L 或累加器 AC 作指针。生成指针时，要使用双字传送指令（MOVD），将数据所在单元的内存地址送入指针，双字传送指令的输入操作数开始处加"&"符号，表示某存储器的地址，而不是存储器内部的值。例如：MOVD &VB200，AC0 指令就是将 VB200 的地址送入累加器 AC0 中。

在使用地址指针存取数据的指令中，操作数前加"*"号表示该操作数为地址指针。例

如:MOVW ＊AC0,AC1,MOVW 表示字传送指令,若 AC0 中的内容是 VB200 的地址,则
该指令将 AC0 中的内容为起始地址的一个字长的数据(即 VB200,VB201 内的数据)送入
AC1 内,如图 2.12 所示。

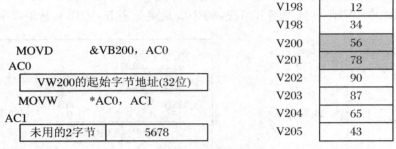

V198	12
V198	34
V200	56
V201	78
V202	90
V203	87
V204	65
V205	43

MOVD　　　　　&VB200，AC0
AC0

VW200的起始字节地址(32位)

MOVW　　　　　＊AC0，AC1
AC1

未用的2字节	5678

图 2.12　间接寻址

知识链接 2.2.2　STEP7-Micro/WIN 编程软件的使用

S7-200 系列 PLC 使用 STEP7-Micro/WIN 编程软件进行编程。STEP7-Micro/WIN 编
程软件是基于 Windows 的应用软件,功能强大,主要用于开发程序,也可用于实时监控用户
程序的执行状态。

2.2.2.1　STEP7-Micro/WIN 窗口组件

STEP7-Micro/WIN 编程软件安装完成以后,双击桌面上的"STEP7-Micro/WIN"图标
或者选择"程序"→"Simatic"→"STEP7-Micro/WIN"命令,出现如图 2.13 所示的主界面。
主界面一般可以分为以下几个部分:菜单条、工具条、浏览条、指令树、用户窗口、输出窗口和
状态条。除菜单条外,用户可以根据需要通过查看菜单和窗口菜单决定其他窗口的取舍和
样式的设置。

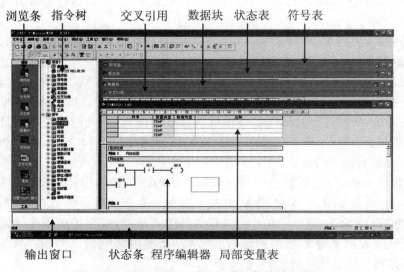

图 2.13　STEP7-Micro/WIN 编程软件的主界面

1. 主菜单

包括文件、编辑、查看、PLC、调试、工具、窗口和帮助 8 个主菜单项。各主菜单项的功能如下。

（1）文件菜单

如图 2.14 所示，文件主菜单主要是对文件进行新建、打开、保存、导入、导出、上载、下载等操作。

（2）编辑菜单

如图 2.15 所示，编辑菜单可以对文件进行剪切、复制、粘贴、插入等操作。

（3）查看菜单

如图 2.16 所示，查看菜单可以用于选择各种编辑器，如程序编辑器、符号表编辑器等。

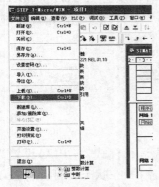

图 2.14　文件菜单

图 2.15　编辑菜单

图 2.16　查看菜单

（4）PLC 菜单

如图 2.17 所示，PLC 菜单用于与 PLC 联机时的操作。如用软件改变 PLC 的运行方式（运行、停止），对用户程序进行编译，清除 PLC 程序、电源起动重置、查看 PLC 信息等操作。

（5）调试菜单

如图 2.18 所示，调试菜单用于联机时的动态调试，有单次扫描、多次扫描、程序状态等操作。调试时可以指定 PLC 对程序执行有限次数的扫描，通过选择 PLC 的扫描次数，可以在程序改变过程变量时对其进行监控。

（6）工具菜单

如图 2.19 所示，通过工具条可以设置复杂指令向导，使复杂指令编程时的工作简化。可以增加或删除工具条的内容等。

图 2.17　PLC 菜单

图 2.18　调试菜单

图 2.19　工具菜单

（7）窗口菜单

窗口菜单用于设置窗口的排放形式，比如层叠、水平、垂直等。

（8）帮助

帮助菜单可以提供 S7-200 的指令系统和编程软件的所有信息，供用户在使用时进行查阅。

2．工具条

（1）标准工具条

如图 2.20 所示。各快捷键从左到右依次是：新建项目、打开现有项目、保存当前项目、打印、打印预览、剪切选项并复制到剪贴板、将所选内容复制到剪贴板、粘贴剪贴板的内容、撤销最后一个操作、编译程序块或者是数据块（任意一个现有窗口）、全部编译（程序块、数据块、系统块）、将项目从 PLC 中上载至 STEP7-Micro/WIN 软件、将项目从 STEP7-Micro/WIN 软件中下载至 PLC、符号表名称列按 A~Z 升序排列、符号表名称按 Z~A 降序排列、选项（配置程序编辑器窗口）。

图 2.20　标准工具条

（2）调试工具条

如图 2.21 所示。各快捷键从左到右依次是：将 PLC 设置为运行模式、将 PLC 设置为停止模式、在程序状态监控打开与关闭之间切换、暂停程序状态监控、在状态表打开与关闭之间切换、暂停趋势图、状态图表单次读取、状态图表全部写入、强制 PLC 数据、取消强制 PLC 数据、状态图表全部取消强制、状态图表全部读取强制数值。

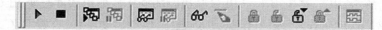

图 2.21　调试工具条

（3）公用工具条

如图 2.22 所示。各快捷键从左到右依次是：插入网络、删除网络、POU 注释显示与隐藏之间切换、网络注解显示与否切换、切换符号信息表是否显示、切换书签、下一个书签、上一个书签、清除全部书签、在项目中应用所有的符号、建立表格未定义符号。其中程序注释、网络注释、符号信息表、书签的显示结果如图 2.23 所示。

图 2.22　公用工具条

（4）LAD 指令工具条

如图 2.24 所示。各快捷键从左到右依次是：向下连线、向上连线、向左连线、向右连线、插入触点、插入线圈、插入指令盒。

3．浏览条

浏览条为程序提供按钮控制，通过按钮控制可以实现窗口的快速切换，包括程序块、符号表、状态表、数据块、系统块、交叉引用和通信。

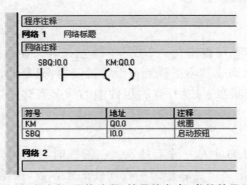

图 2.23　程序注释、网络注释、符号信息表、书签的显示结果

图 2.24　LAD 指令工具条

4．指令树

以树形结构提供编程时用到的所有快捷操作命令和 PLC 指令,可以分为项目分支和指令分支,其中项目分支用于组织程序项目,指令分支用于输入程序。

5．用户窗口

可同时或分别打开图 2.13 所示的 6 个用户窗口,分别为交叉引用、数据块、状态表、符号表、程序编辑器和局部变量表。

(1) 交叉引用

在编译成功以后,可以使用浏览条中的交叉引用按钮或者是查看菜单中的组件里面的交叉引用选项打开交叉引用窗口。

如图 2.25 所示,"交叉引用"表列出在程序中使用的各操作数所在的程序单元(POU)、网络或行位置,以及每次使用各操作数的语句表指令。通过交叉引用表还可以查看哪些内存区域已经被占用,作为位还是作为字节使用。在运行方式下编辑程序时,可以查看程序当前正在使用的跳变信号的地址。交叉引用表不下载到可编程控制器,在程序编译成功后,才能打开交叉引用表。在交叉引用表中双击某操作数,可以显示出包含该操作数的那一部分程序。

图 2.25　交叉引用表

(2) 数据块

可以设置和修改变量存储器的初始值和常数值,并加注必要的注释说明。可以使用浏览条上的数据块按钮、查看组件中的数据块选项以及指令树中的数据块图标来打开数据块窗口。

（3）状态表

将程序下载到 PLC 后，可以建立一个或者多个状态表。在联机调试时，打开状态表，监视各变量的值和状态。状态表并不下载到可编程控制器，只是监视用户程序运行的一种工具。可以通过浏览条中的状态表按钮、查看组件中的状态表选项以及指令树中的状态表图标打开状态表窗口。

（4）符号表

符号表是用户用符号编址的一种工具表。在编程时不采用元件的直接地址作为操作数，而用有实际含义的自定义符号名作为编程元件的操作数，这样可使程序更加容易理解。符号表则建立了自定义符号与直接地址编号之间的关系。程序被编译后下载到 PLC 时，所有的符号地址被转换成绝对地址，符号表中的信息不下载到 PLC。可以通过浏览条中的符号表按钮、查看组件中的符号表选项以及指令树中的符号表图标打开符号表窗口。

（5）程序编辑器

打开程序编辑器的方法：

① 单击浏览条中的程序块按钮；

② 选择查看组件中的程序编辑器选项；

③ 在指令树中点击程序块图标，并双击主程序图标、子程序图标或中断程序图标。

可以在查看中的 LAD、FBD、STL 三种编辑方式中选择编辑器的指令语言，也可以在工具菜单选项里面更改编辑器的指令语言。

（6）局部变量表

程序中的每个程序块都有自己的局部变量表。局部变量表用来定义局部变量，局部变量只在建立该局部变量的程序块中才有效。在带参数的子程序调用中，参数的传递是通过局部变量表传递的。

在用户窗口将水平分裂条下拉即可显示局部变量表，将水平分裂条拉至程序编辑器窗口的顶部，局部变量表不再显示，但仍旧存在。

6. 输出窗口

用来显示 STEP7-Micro/WIN 程序编译的结果，如编译结果有无错误、错误编码和位置等。通过查看框架中输出窗口选项，可以打开或关闭输出窗口。

7. 状态条

提供有关 STEP7-Micro/WIN 中操作的信息。

2.2.2.2　STEP7-Micro/WIN 主要编程功能

1. 编程元素及项目组件

STEP7-Micro/WIN 的一个基本项目包括程序块、数据块、系统块、符号表、状态表和交叉引用表。程序块、数据块和系统块需要下载到 PLC，而状态表、符号表和交叉引用表是不需要下载到 PLC 的。

程序块由可执行代码和注释组成，可执行代码由一个主程序和可选子程序或中断程序组成。程序代码被编译并下载到 PLC，程序注释被忽略。在"指令树"中右击"程序块"图标可以插入子程序和中断程序。

数据块由数据和注释两部分组成。数据被编译后，下载到 PLC，注释被忽略。

系统块用来设置系统的参数,包括通信端口配置信息、保存范围、模拟量和数字量输入过滤器、背景时间、密码表和输出表等。可以通过浏览条中的系统块按钮打开系统块对话框。系统块对话框如图 2.26 所示。

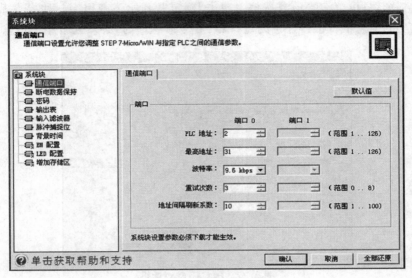

图 2.26 "系统块"对话框

2. 梯形图程序的输入

（1）建立项目

通过主菜单中文件菜单中的新建或者是直接点击标准工具条中新建项目图标,即可直接新建项目。

（2）输入程序

在程序编辑器中使用梯形图元素主要有触点、线圈和功能块,梯形图的每一个网络必须从触点开始,以线圈或没有布尔输出（ENO）的功能块结束。线圈不允许串联使用。

输入程序时可以使用指令树中的指令项目中内容进行输入,也可以使用 LAD 工具条中的快捷键进行输入。输入完成后,点击"???",可以输入操作数。

在梯形图 LAD 编辑器中可以对程序进行注释,注释级别共有 4 个:程序注释、网络标题、网络注释和程序属性。

（3）编辑程序

STEP7-Micro/WIN 软件提供了剪切、复制、粘贴整个网络的功能,但是操作时不能选择网络的一部分,只能选择整个网络。另外,可以通过鼠标右键和光标位置的结合对单元格、指令、地址、网络等进行编辑。

（4）程序编译

程序编译用于检查数据块、程序块以及系统块是否存在错误。经过编译无误的程序才可以下载到 PLC 中。可以使用 PLC 主菜单中的编译对程序进行编译,也可以使用标准工具条中的编译快捷键进行编译程序。

3. 程序的上传下载

（1）下载

如果已经成功地在 STEP7-Micro/WIN 的个人计算机和 PLC 之间建立了通信,就可以将编译好的程序下载到 PLC 中。如果 PLC 中已经有该内容,则原来的内容将会被覆盖掉。单击标准工具条中的下载按钮或者通过 PLC 主菜单中下载选项打开"下载"对话框,如图 2.27 所示。根据默认值,在初次下载时,"程序块""数据块""系统块"复选框都被选中。如果不需要下载某个块,可以清除该复选框。单击"确定",开始下载程序。如果下载成功,则会弹出下载成功的信息框。值得注意的是,PLC 在下载程序时,必须处于停止状态。

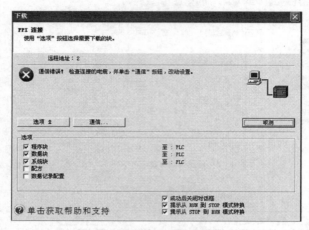

图 2.27　PLC 下载对话框

(2) 上传

可以使用以下方法从 PLC 中将项目文件传送至 STEP7-Micro/WIN 程序编辑器中。

① 单击标准工具条中的"上载"按钮;

② 选择文件菜单中的"上载"选项;

③ 按快捷键 Ctrl + U。

上载时,执行的步骤和下载基本相同,选择需要上传的块(程序块、数据块、系统块),单击"上传"按钮,上传的程序将从 PLC 中复制到当前打开的项目中,随后保存上传的程序即可。

4. 选择工作方式

PLC 有两种工作方式,运行(RUN)和停止(STOP)。单击标准工具条中的"运行"按钮和"停止"按钮就可以使 PLC 进入到相应的工作方式。

5. 程序的调试与监控

在 PLC 和 STEP7-Micro/WIN 编程设备建立通信并向 PLC 下载程序后,可以使 PLC 进入到运行状态,进行程序的调试和监控。

(1) 程序状态监控

在程序编辑器窗口,显示希望测试的部分程序和网络,将 PLC 置于运行工作方式,单击调试工具条中的程序状态监控按钮或者调试菜单中的开始程序状态监控即可进入梯形图监控状态。在监控状态下,蓝色的表示接通,当线圈或者触点接通时,其触点和线圈会出现蓝色显示。运行中的梯形图内的各元件状态随程序执行过程连续更新变化。

(2) 状态表监控

单击浏览条中的状态表按钮或者使用查看组件中的状态表选项,可打开状态表编辑器,在状态表地址栏输入要监控的数字量地址或数据量地址,点击调试工具条中的状态表监控按钮或者选择调试菜单中的开始状态表监控,可进入状态表监控状态。在此状态,可通过调试工具条强制 I/O 点的操作,观察程序的运行状态,也可通过调试工具条对内部位及内部存储器进行"写"操作来改变其状态,进而观察程序的运行情况。

知识链接 2.2.3　S7-200 基本位操作指令

2.2.3.1　S7-200 系列 PLC 的程序设计语言

S7-200 系列 PLC 有三种常用的程序设计语言,分别是梯形图(LAD)、语句表(STL)和功能块图(FBD)。梯形图和功能块图是一种图形程序设计语言,语句表是一种类似于汇编语言的文本型语言。

1. 梯形图程序设计语言 (LAD)

梯形图程序设计语言 (LAD)是用梯级图形符号来描述程序的一种程序设计语言。它来源于继电器逻辑控制系统的描述,沿用了继电器、触点、串并联等术语和类似的图形符号。梯形图按逻辑关系可分成梯级或网络段,简称网络或段。每个网络段由一个或多个梯级组成。程序执行时按段扫描(从上到下,从左到右),一个段其实就是一个逻辑行。编译软件能直接指出程序中错误指令所在的段的标号。梯形图的构成主要有左右母线、触点、线圈和指令盒,如图 2.28 所示,其中触点表示输入,如开关、按钮、内部寄存器状态等;线圈表示输出,如指示灯,继电器、接触器线圈,内部逻辑线圈等;指令盒代表一些较复杂的功能指令,如定时器、计数器、数学运算等,又叫功能框。

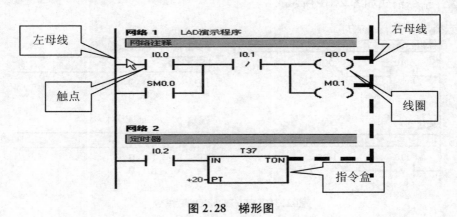

图 2.28　梯形图

2. 语句表程序设计语言(STL)

语句表语言类似于计算机的汇编语言,是用指令助记符创建用户程序,特别适合于来自计算机领域的工程人员,用这种语言可以编写出用梯形图或功能框图无法实现的程序。S7-200 的语句表如图 2.29 所示。

3. 功能块图(FBD)

功能块图编程语言实际上是用逻辑功能符号组成的功能块来表达命令的图形编程语言,与数字电路中逻辑图类似,它极易表现条件与结果之间的逻辑功能。图 2.30 为功能块图。

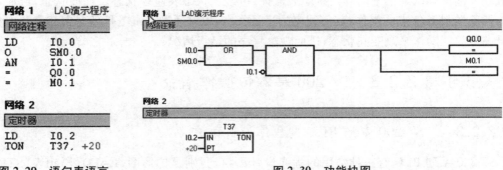

图 2.29 语句表语言　　　　　　　　图 2.30 功能块图

2.2.3.2 S7-200 基本位操作指令

位操作指令是 PLC 最常用的基本指令,梯形图指令有触点和线圈两大类,触点又分为常开触点和常闭触点两种形式;语句表指令有与、或以及输出等逻辑关系,位操作指令能够实现基本的位逻辑运算和控制功能。

1. 触点装载(LD/LDN)及线圈驱动(=)指令

① LD:装载常开触点,对应梯形图则为在左侧母线或线路分支点处装载一个常开触点。

② LDN:装载常闭触点,对应梯形图则为在左侧母线或线路分支点处装载一个常闭触点。

③ = (OUT):线圈驱动或输出指令,对应梯形图则为线圈驱动。对同一元件一般只能使用一次。指令格式如图 2.31 所示。

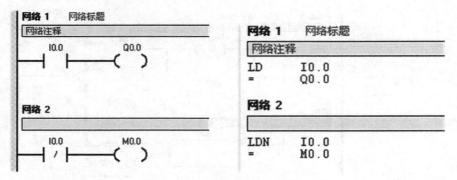

图 2.31 LD/LDN、OUT 指令

2. 触点串联指令 A(And)/AN(And not)

① A(And):与操作,在梯形图中表示串联连接单个常开触点。

② AN(And not):与非操作,在梯形图中表示串联连接单个常闭触点。

指令格式如图 2.32 所示。

3. 触点并联指令 O(Or)/ON(Or not)

① O:或操作,在梯形图中表示并联连接一个常开触点。

② ON:或非操作,在梯形图中表示并联连接一个常闭触点。

指令格式如图 2.33 所示。

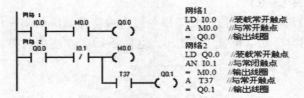

图 2.32 A/AN 指令的使用

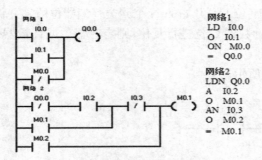

图 2.33 O/ON 指令的使用

4. 并联电路块的串联指令 ALD

ALD：块"与"操作，用于多个并联电路组成的电路块（并联电路块）的串联连接。
指令格式如图 2.34 所示。

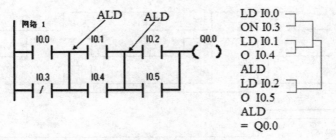

图 2.34 ALD 指令的使用

5. 串联电路块的并联指令 OLD

OLD：块"或"操作，用于多个串联电路组成的电路块（串联电路块）的并联连接。
指令格式如图 2.35 所示。

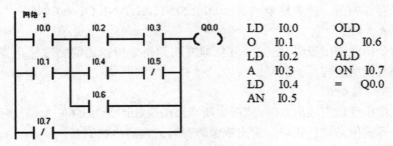

图 2.35 OLD 指令的使用

6. 置位/复位指令(S/R)

置位即置1,复位即置0。置位和复位指令可以将位存储区的某一位开始的一个或多个(最多可达255个)同类存储器位置1或置0。这两条指令在使用时需指明三点:操作性质、开始位和位的数量。

(1) S,置位指令

将位存储区的指定位(位bit)开始的N个同类存储器位置1并保持。

(2) R,复位指令

将位存储区的指定位(位bit)开始的N个同类存储器位清零并保持。当用复位指令时,如果是对定时器T位或计数器C位进行复位,则定时器位或计数器位被复位,同时,定时器或计数器的当前值被清零。

指令格式如图2.36所示。

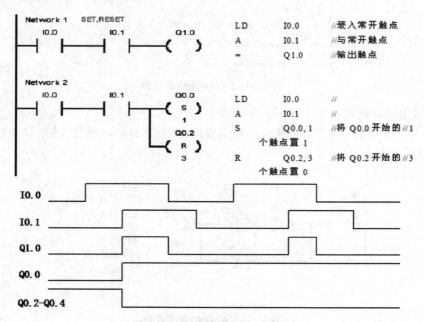

图2.36　置位复位指令的使用

7. 立即I/O指令

(1) 立即触点指令

在每个标准触点指令的后面加"I"。指令执行时,立即读取物理输入点的值,但是不刷新对应映像寄存器的值。这类指令包括:LDI、LDNI、AI、ANI、OI和ONI。

(2) 立即输出指令＝I

用立即指令访问输出点时,把栈顶值立即复制到指令所指出的物理输出点,同时,相应的输出映像寄存器的内容也被刷新。

(3) 立即置位指令SI

用立即置位指令访问输出点时,从指令所指出的位(bit)开始的N个(最多为128个)物理输出点被立即置位,同时,相应的输出映像寄存器的内容也被刷新。

(4) 立即复位指令RI

用立即复位指令访问输出点时,从指令所指出的位(bit)开始的N个(最多为128个)物理输出点被立即复位,同时,相应的输出映像寄存器的内容也被刷新。

指令格式如图 2.37 所示。

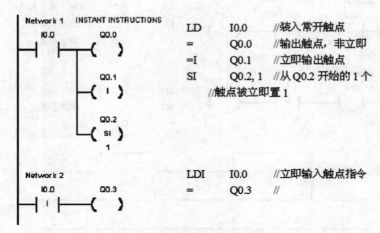

图 2.37　立即 I/O 指令的使用

8. 逻辑堆栈指令

逻辑堆栈指令只用于 STL 编程。在 LAD、FBD 中,编程语言会自动插入相关指令进行堆栈的相关操作。

(1) 逻辑推入栈指令(分支或主控指令)LPS

无操作数。栈顶值复制后压入堆栈,栈底值丢失。在梯形图的分支结构中,用于生成一条新的母线。

注意　使用 LPS 指令时,本指令为分支的开始,以后必须有分支结束指令 LPP。即 LPS 与 LPP 指令必须成对出现。

(2) 逻辑弹出栈指令(分支结束或主控复位指令)LPP

无操作数。把堆栈弹出一级,原堆栈第二级的值变为栈顶值。在梯形图中的分支结构中,用于将 LPS 指令生成一条新的母线进行结束。

注意　使用 LPP 指令时,必须出现在 LPS 的后面,与 LPS 成对出现。

(3) 逻辑读栈指令,无操作数 LRD

把堆栈第二级的值复制到栈顶。在梯形图中的分支结构中,从 LPS 生成的新母线中继续第二个和后边更多的从逻辑块。

指令格式如图 2.38 所示。

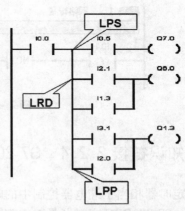

图 2.38　逻辑堆栈指令的使用

9. 边沿触发指令(EU/ED)

(1) 上升沿触发指令 EU

正跳变触点检测到脉冲的每一次正跳变后,产生一个持续一个扫描周期的微分脉冲。

(2) 下降沿触发指令 ED

负跳变触点检测到脉冲的每一次负跳变后,产生一个持续一个扫描周期的微分脉冲。

指令格式如图 2.39 所示。

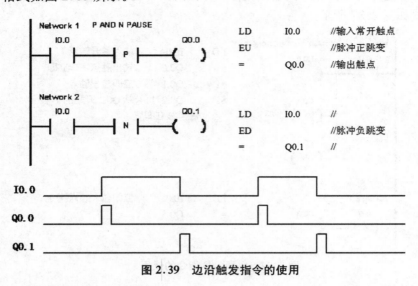

图 2.39　边沿触发指令的使用

10．取非和空操作指令 NOT/NOP

（1）取非指令（NOT）

指对存储器位的取非操作，用来改变能量流的状态。梯形图指令用触点形式表示，触点左侧为 1 时，右侧为 0，能流不能到达右侧，输出无效。反之触点左侧为 0 时，右侧为 1，能流可以通过触点向右传递。

（2）空操作指令（NOP）

空操作指令起增加程序容量和延时作用。使能输入有效时，执行空操作指令，将稍微延长扫描周期长度，不影响用户程序的执行，也不会使能流输出断开。操作数 N 为执行空操作的次数，N＝0～255。

指令格式如图 2.40 所示。

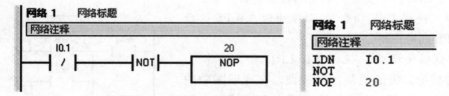

图 2.40　取非和空操作指令的使用

知识链接 2.2.4　S7-200 定时器指令

定时器相当于继电器控制中的时间继电器，在电路中起到延时接通或者是断开电路的作用。S7-200PLC 定时器是对内部时钟累计时间增量计时，按定时器的精度（时间增量/时基/分辨率）来分分别是 1 ms、10 ms 和 100 ms 的定时器；如果按照定时方式来分，可以分为接通延时定时器（TON）、有记忆的接通延时定时器（TOF）和断开延时定时器（TONR），这三类定时器总共有 256 个，如表 2.2 所示。每个定时器均由 1 个 16 位的当前值寄存器用以存放当前值（16 位符号整数）、1 个 16 位的预置值寄存器用以存放定时时间的设定值以及 1 个 1 bit 的状态位组成，状态位反映定时器触点当前的状态，其指令格式如图 2.41 所示。

表 2.2　定时器精度与编号

定时器类型	精度等级(ms)	最大当前值	定时器号
TON	1	32.767	T32、T96
	10	327.67	T33～T36、T97～T100
TOF	100	3276.7	T37～T63、T101～T255
	1	32.767	T0、T64
TONR	10	327.67	T1～T4、T65～T68
	100	3276.7	T5～T31、T69～T95

定时器的定时时间＝时基（分辨率）×预置值 PT。

LAD	STL	说　明
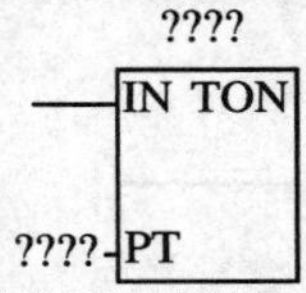 ???? —IN TON ????-PT	TON　T××, PT	TON——通电延时定时器 TONR——记忆型通电延时定时器 TOF——断电延时定时器 IN是使能输入端，指令盒上方输入定时器的编号(T××)，范围为T0~T255；PT是预置值输入端，最大预置值为32767；PT的数据类型：INT； PT操作数有：IW, QW, MW, SMW, T, C, VW, SW, AC, 常数
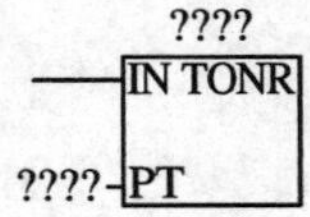 ???? —IN TONR ????-PT	TONR T××, PT	
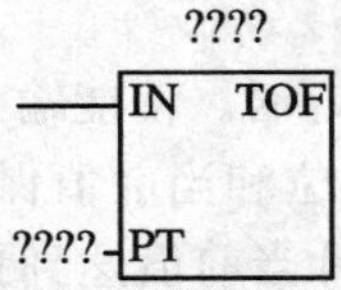 ???? —IN　TOF ????-PT	TOF　T××, PT	

图 2.41　定时器指令格式

2.2.4.1　接通延时定时器

如图 2.41 指令格式所示，TON 定时器由定时器标志符 TON、启动输入端 IN、时间设定输入端 PT 及定时器编号 Tn 构成。

TON，接通延时定时器指令。用于单一间隔的定时。上电周期或首次扫描，定时器位为 OFF，当前值为 0。使能输入接通时，定时器位为 OFF，当前值从 0 开始计数，当前值达到预设值时，定时器位为 ON，当前值连续计数到 32767。当使能输入断开时，定时器自动复位，即定时器位为 OFF，当前值为 0。图 2.42 是 TON 接通延时定时器的应用举例。

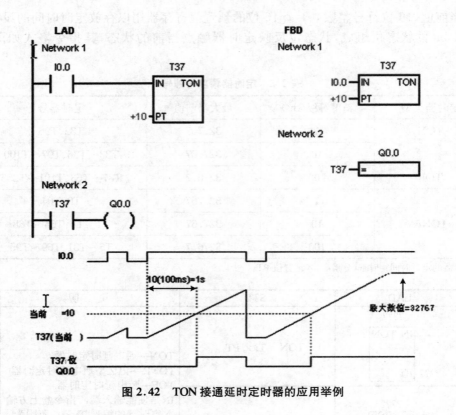

图 2.42　TON 接通延时定时器的应用举例

2.2.4.2　有记忆接通延时定时器

如图 2.41 指令格式所示,TONR 定时器由定时器标志符 TONR、启动输入端 IN、时间设定输入端 PT 及定时器编号 Tn 构成。

TONR,有记忆接通延时定时器指令。用于对许多间隔的累计定时。使能输入接通时,定时器位为 OFF,从当前值开始计数时间。使能输入断开,定时器位和当前值保持最后状态。使能输入再次接通时,当前值从上次的保持值继续计数,当累计当前值达到预设值时,定时器位为 ON,当前值连续计数到 32767。图 2.43 是 TONR 有记忆接通延时定时器的应用举例。

2.2.4.3　断开延时定时器

如图 2.41 指令格式所示,TOF 定时器由定时器标志符 TOF、启动输入端 IN、时间设定输入端 PT 及定时器编号 Tn 构成。

TOF,断开延时定时器指令。用于断开后的单一间隔定时。上电周期或首次扫描,定时器位为 OFF,当前值为 0。使能输入接通时,定时器位为 ON,当前值为 0。当使能输入由接通到断开时,定时器开始计数,当前值达到预设值时,停止计数,定时器位为 OFF,当前值等于预设值。IN 端由 OFF 变为 ON,TOF 复位(即 TOF 位由 OFF 变 ON,当前值为 0),如果使能输入再次从 ON 到 OFF,则可实现启动。图 2.44 是 TOF 断开延时定时器的应用举例。

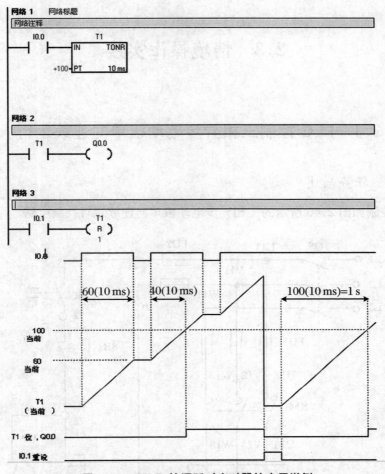

图 2.43　TONR 接通延时定时器的应用举例

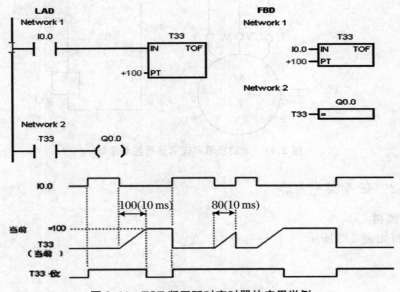

图 2.44　TOF 断开延时定时器的应用举例

2.3　情境操作实践

任务 2.3.1　PLC 控制三相异步电动机单向连续运行

2.3.1.1　任务描述

用 PLC 控制如图 2.45 所示的三相异步电动机单向连续运行控制电路。

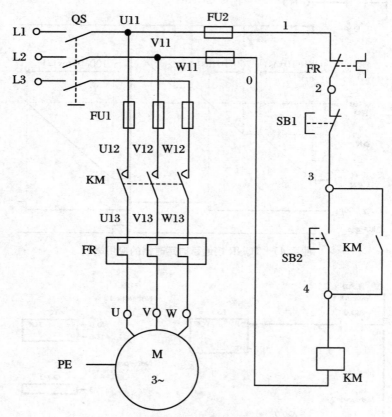

图 2.45　电动机单向连续运行控制电路

2.3.1.2　任务实施内容

1. 实施器材

实施器材如表 2.3 所示。

表 2.3　实施设备与器材

工具	验电笔、螺钉旋具、尖嘴钳、剥线钳、电工刀等常用工具		
仪表	VC980 数字万用表		

	序号	名　称	型号/规格	数量
设备或器材	1	S7-200 CPU	CPU224 XP DC/DC/DC＋扩展模块 EM223	1
	2	计算机	操作系统是 Windows 2000 以上	1
	3	PC/PPI 电缆	RS-232C/PPI 或 USB/PPI	1
	4	编程软件	STEP7-Micro/WIN　V4.0	1
	5	电动机 M	Y-112M-4,4 kW、380 V、8.8 A、1 440 r/min	1
	6	组合开关 QS	HZ10-25/3,三极额定电流 25 A	1
	7	熔断器 FU1	RL1-60/25,500 V、60 A,配熔体额定电流 25 A	3
	8	熔断器 FU2	RL1-15/2,500 V、15 A,配熔体额定电流 2 A	2
	9	交流接触器 KM	CJ10-20,20 A 线圈电压 380 V	1
	10	按钮 SB1、2	LA10-3H,保护式按钮 3(代用)	1
	11	热继电器 FR	JR16-20/3,20 A、三相、发热元件 11 A(整定值 9.5 A)	1
	12	端子板 XT	JX2-1015,10 A,15 节	1

2. 实施步骤

(1) I/O 分配

根据分析,对输入量和输出量进行分配如表 2.4 所示。

表 2.4　I/O 分配

输　入　量		输　出　量	
元件代号	输入点	元件代号	输出点
启动按钮 SB2	I0.0	接触器线圈 KM	Q2.0
停止按钮 SB1	I0.1		

(2) 绘制 PLC 硬件接线图

根据图 2.45 所示的控制电路图以及 I/O 分配,绘制 PLC 硬件接线图如图 2.46 所示,以保证接线正确。

(3) 编辑符号表

编辑符号表如图 2.47 所示。

(4) 设计梯形图程序

用梯形图编辑器来输入程序,图 2.48 给出了电动机单向连续运行控制电路的梯形图参考程序。

(5) 调试并运行

梯形图设计完成后,将程序下载至 PLC 中,然后将 PLC 置于 RUN(运行)状态,按下 SB2 启动按钮,电动机启动并能连续运行,打开 STEP7-Micro/WIN 软件中的程序状态监控按钮,观察 PLC 内部触点的得电情况来监控程序。按下停止按钮 SB1,电动机停止运行。

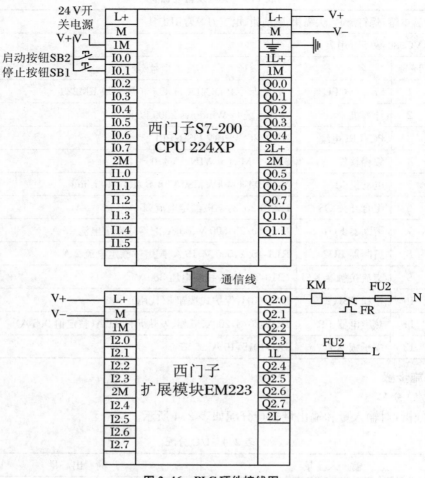

图 2.46　PLC 硬件接线图

器 符号表			
	符号	地址	注释
1	启动按钮SB2	I0.0	
2	停止按钮SB1	I0.1	
3	接触器线圈KM	Q2.0	
4			
5			

图 2.47　编辑符号表

3. 注意事项

① 进行硬件接线时,容易将输入的直流电源与输出的交流电源接错,应在通电前逐一检查核实。

② 程序设计时,注意常闭触点的处理。

③ 电路的主电路部分参照学习情境 1 任务 1.3.2 进行连接。

4. 思考与讨论

① PLC 控制与继电器控制的区别是什么?

② 实训中使用的 PLC 为什么接触器线圈必须接到扩展模块上面?

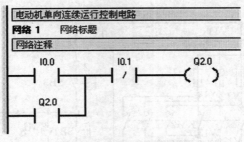

图 2.48　梯形图参考程序

5. 考核与评价标准

如表 2.5 所示。

表 2.5　考核与评价参考表

任务内容	配分	评 分 标 准	扣　分	自评	互评	教师评
安装与接线	40 分	(1) 元器件布置不整齐、不均匀、不合理 (2) 元件安装松动 (3) 接点松动、露铜过长、反圈 (4) 损坏元件电器 (5) 损伤导线绝缘层或线芯 (6) 不按 PLC 硬件接线图接线	每处扣 2 分 每只扣 1 分 每处扣 1 分 每只扣 5 分 每根扣 1 分 每处扣 2 分			
程序输入及调试	40 分	(1) 不会熟练使用计算机键盘输入指令 (2) 不会使用删除、插入、修改等指令 (3) 第一次调试不成功 (4) 第二次调试不成功 (5) 第三次调试不成功	扣 2 分 每项扣 2 分 扣 8 分 扣 15 分 扣 30 分			
职业素养	10 分	(1) 学习主动性差,学习准备不充分 (2) 团队合作意识差 (3) 语言表达不规范 (4) 时间观念不强,工作效率低 (5) 不注重工作质量和工作成本	扣 2 分 扣 2 分 扣 2 分 扣 2 分 扣 2 分			
安全文明生产	10 分	(1) 安全意识差 (2) 劳动保护穿戴不齐 (3) 操作后不清理现场	扣 10 分 扣 10 分 扣 5 分			
定额时间	1.5 h,每超时 5 min(不足 5 min 以 5 min 计)		扣 5 分			
备注	除定额时间外,各项目的最高扣分不应超过配分数					
开始时间		结束时间		总评分		

任务 2.3.2　PLC 控制三相异步电动机带动工作台自动往返运行

2.3.2.1　任务描述

用 PLC 控制如图 2.49 所示的三相异步电动机带动工作台自动往返运行控制电路。

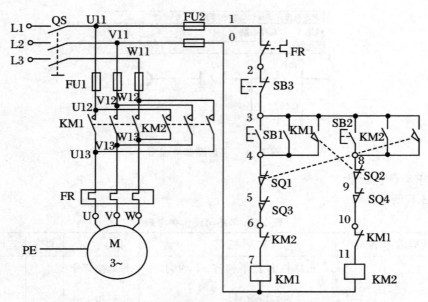

图 2.49　电动机带动工作台自动往返运行控制电路

2.3.2.2　任务实施内容

1. 实施器材

实施器材如表 2.6 所示。

表 2.6　实施设备与器材

工具	验电笔、螺钉旋具、尖嘴钳、剥线钳、电工刀等常用工具			
仪表	VC980 数字万用表			
	序号	名　　称	型号/规格	数量
设备或器材	1	S7-200 CPU	CPU224 XP DC/DC/DC＋扩展模块 EM223	1
	2	计算机	操作系统是 Windows 2000 以上	1
	3	PC/PPI 电缆	RS-232C/PPI 或 USB/PPI	1
	4	编程软件	STEP7-Micro/WIN　V4.0	1
	5	电动机 M	Y-112M-4,4 kW、380 V、8.8 A、1 440 r/min	1
	6	组合开关 QS	HZ10-25/3,三极额定电流 25 A	1
	7	熔断器 FU1	RL1-60/25,500 V、60 A,配熔体额定电流 25 A	3
	8	熔断器 FU2	RL1-15/2,500 V、15 A,配熔体额定电流 2 A	2
	9	交流接触器 KM1、2	CJ10-20,20 A 线圈电压 380 V	2
	10	按钮 SB1、2、3	LA10-3H,保护式按钮 3(代用)	1
	11	热继电器 FR	JR16-20/3,20 A、三相、发热元件 11 A(整定值 9.5 A)	1
	12	行程开关 SQ1、2、3、4	LX19-001	4
	13	端子板 XT	JX2-1015,10 A,15 节	1

2．实施步骤

（1）I/O 分配

根据分析，对输入量和输出量进行分配如表 2.7 所示。

表 2.7 　 I/O 分配

输 入 量		输 出 量	
元件代号	输入点	元件代号	输出点
正向启动按钮 SB1	I0.0	接触器线圈 KM1	Q2.0
反向启动按钮 SB2	I0.1	接触器线圈 KM2	Q2.1
停止按钮 SB3	I0.2		
行程开关 SQ1	I0.3		
行程开关 SQ2	I0.4		
行程开关 SQ3	I0.5		
行程开关 SQ4	I0.6		

（2）绘制 PLC 硬件接线图

根据图 2.49 所示的控制电路图以及 I/O 分配，绘制 PLC 硬件接线图如图 2.50 所示，以保证接线正确。

（3）设计梯形图程序

用梯形图编辑器来输入程序，图 2.51 给出了电动机带动工作台自动往返运行控制电路的梯形图参考程序。

（4）调试并运行

梯形图设计完成后，将程序下载至 PLC 中，然后将 PLC 置于 RUN（运行）状态，按下正向启动按钮 SB1，KM1 线圈得电，电动机启动并能正向连续运行，带动工作台向左运行，运行至 SQ1 位置时，KM1 线圈失电，KM2 线圈得电，电动机反向运行，带动工作台向右运行，运行至 SQ2 位置时，KM2 线圈失电，KM1 线圈得电，电动机正向运行，带动工作台向左运行，如此往复，工作台在 SQ1 和 SQ2 两个行程开关中间往返运行，直至按下停止按钮 SB3 或者碰触到 SQ3 或者 SQ4，电动机停止，工作台停止运行。先按下反向启动按钮 SB2，情况类似。打开 STEP7-Micro/WIN 软件中的程序状态监控按钮，观察 PLC 内部触点的得电情况来监控程序。

3．注意事项

① 进行硬件接线时，必须在接触器线圈电路串联对方的常闭触点实现电气互锁。

② 程序设计时，注意常闭触点的处理。

③ 电路的主电路部分参照学习情境 1 任务 1.3.3 进行连接。

4．思考与讨论

① 如果使用置位复位指令，该程序应如何编制？

② 为什么进行硬件接线时，必须在接触器线圈电路串联对方的常闭触点？

5．考核与评价标准

参照表 2.5 进行考核与评价，考核时间为 3 小时。

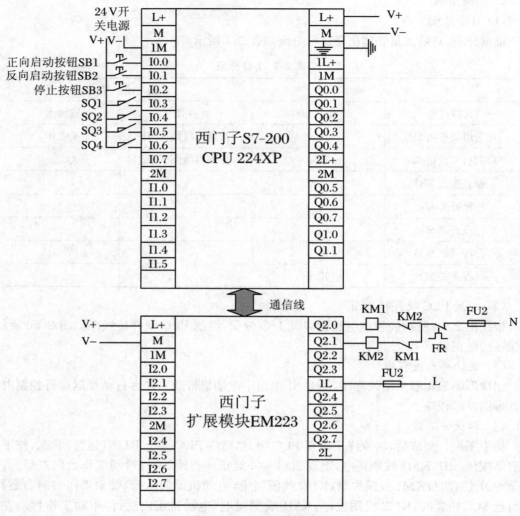

图 2.50　PLC 硬件接线图

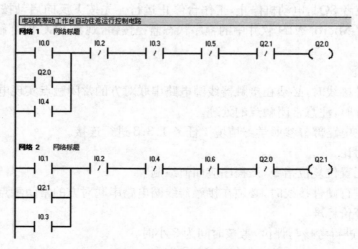

图 2.51　梯形图参考程序

任务 2.3.3　PLC 控制三相异步电动机顺序控制运行

2.3.3.1　任务描述

用 PLC 控制如图 2.52 所示的三相异步电动机顺序控制运行电路。

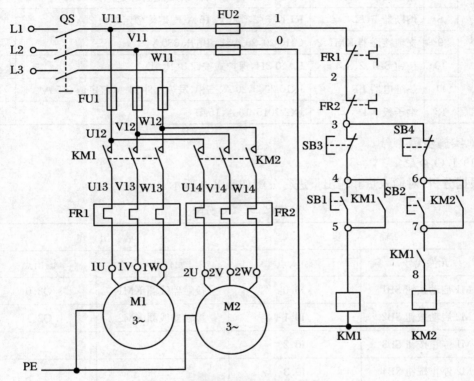

图 2.52　电动机顺序控制运行电路

2.3.3.2　任务实施内容

1. 实施器材

实施器材如表 2.8 所示。

表 2.8　实施设备与器材

工具	验电笔、螺钉旋具、尖嘴钳、剥线钳、电工刀等常用工具			
仪表	VC980 数字万用表			
设备或器材	序号	名　　称	型号/规格	数量
	1	S7-200 CPU	CPU224 XP DC/DC/DC + 扩展模块 EM223	1
	2	计算机	操作系 2 统是 Windows 2000 以上	1
	3	PC/PPI 电缆	RS-232C/PPI 或 USB/PPI	1

续表

序号	名　称	型号/规格	数量
4	编程软件	STEP7-Micro/WIN　V4.0	1
5	电动机 M	Y-112M-4,4 kW、380 V、8.8 A、1 440 r/min	2
6	组合开关 QS	HZ10-25/3,三极额定电流 25 A	1
7	熔断器 FU1	RL1-60/25,500 V、60 A、配熔体额定电流 25 A	3
8	熔断器 FU2	RL1-15/2,500 V、15 A、配熔体额定电流 2 A	2
9	交流接触器 KM1、2	CJ10-20,20 A 线圈电压 380 V	2
10	按钮 SB1、2、3、4	LA10-3H,保护式按钮 3(代用)	4
11	热继电器 FR	JR16-20/3,20 A、三相、发热元件 11 A(整定值 9.5 A)	2
12	端子板 XT	JX2-1015,10 A,15 节	1

（设备或器材）

2. 实施步骤

（1）I/O 分配

根据分析,对输入量和输出量进行分配如表 2.9 所示。

表 2.9　I/O 分配

输　入　量		输　出　量	
元件代号	输入点	元件代号	输出点
M1 启动按钮 SB1	I0.0	接触器线圈 KM1	Q2.0
M2 启动按钮 SB2	I0.1	接触器线圈 KM2	Q2.1
M1 停止按钮 SB3	I0.2		
M2 停止按钮 SB4	I0.3		

（2）绘制 PLC 硬件接线图

根据图 2.52 所示的控制电路图以及 I/O 分配,绘制 PLC 硬件接线图如图 2.53 所示,以保证接线正确。

（3）设计梯形图程序

用梯形图编辑器来输入程序,图 2.54 给出了电动机顺序控制运行电路的梯形图参考程序。

（4）调试并运行

梯形图设计完成后,将程序下载至 PLC 中,然后将 PLC 置于 RUN(运行)状态,按下 M1 启动按钮 SB1,KM1 线圈得电,电动机 M1 启动连续运行,然后按下 M2 启动按钮 SB2,KM2 线圈得电,电动机 M2 启动连续运行。若首先按下 M2 启动按钮 SB2,KM2 线圈不能得电,电动机 M2 不能启动运行;按下 M2 停止按钮 SB4,KM2 线圈失电,M2 停止运行;若按下 M1 停止按钮 SB3,KM1、KM2 线圈均失电,M1、M2 均停止运行。打开 STEP7-Micro/WIN 软件中的程序状态监控按钮,观察 PLC 内部触点的得电情况来监控程序。

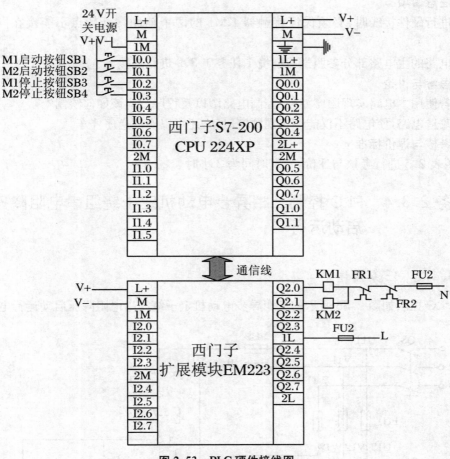

图 2.53　PLC 硬件接线图

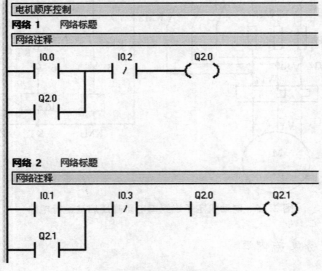

图 2.54　梯形图参考程序

3．注意事项

① 进行硬件接线时，必须保证接触器 KM1 的两个辅助常开触点不能接在同一个位置上。

② 电路的主电路部分参照学习情境 1 任务 1.3.2 进行连接。

4．思考与讨论

① 若使用主电路实现顺序控制，控制电路图以及程序图应该如何绘制？

② 改造电路，使电路不仅能够实现顺序启动，还可以实现逆序停车。

5．考核与评价标准

参照表 2.5 进行考核与评价，考核时间为 3 小时。

任务 2.3.4　PLC 控制三相异步电动机定子绕组串电阻降压启动运行

2.3.4.1　任务描述

用 PLC 控制如图 2.55 所示的三相异步电动机定子绕组串电阻降压启动运行电路。

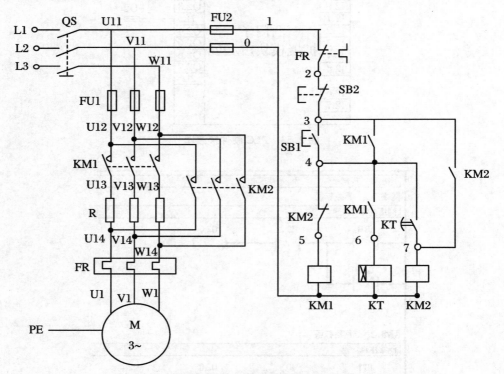

图 2.55　电动机定子绕组串电阻降压启动运行电路

2.3.4.2　任务实施内容

1．实施器材

实施器材如表 2.10 所示。

表 2.10　实施设备与器材

工具	验电笔、螺钉旋具、尖嘴钳、剥线钳、电工刀等常用工具			
仪表	VC980 数字万用表			
	序号	名　称	型号/规格	数量
	1	S7-200 CPU	CPU224 XP DC/DC/DC＋扩展模块 EM223	1
	2	计算机	操作系统是 Windows 2000 以上	1
	3	PC/PPI 电缆	RS-232C/PPI 或 USB/PPI	1
设备或器材	4	编程软件	STEP7-Micro/WIN　V4.0	1
	5	电动机 M	Y-112M-4,4 kW、380 V、8.8 A、1 440 r/min	1
	6	组合开关 QS	HZ10-25/3,三极额定电流 25 A	1
	7	熔断器 FU1	RL1-60/25,500 V、60 A、配熔体额定电流 25 A	3
	8	熔断器 FU2	RL1-15/2,500 V、15 A、配熔体额定电流 2 A	2
	9	交流接触器 KM1、2	CJ10-20,20 A 线圈电压 380 V	2
	10	按钮 SB1、2	LA10-3H,保护式按钮 3(代用)	2
	11	热继电器 FR	JR16-20/3,20 A、三相、发热元件 11 A(整定值 9.5 A)	1
	12	时间继电器 KT	JS7-2A,线圈电压 380 V	1
	13	R	限流电阻,100 Ω、50 W	3
	14	端子板 XT	JX2-1015,10 A,15 节	1

2. 实施步骤

(1) I/O 分配

根据分析,对输入量和输出量进行分配如表 2.11 所示。

表 2.11　I/O 分配

输　入　量		输　出　量	
元件代号	输入点	元件代号	输出点
启动按钮 SB1	I0.0	接触器线圈 KM1	Q2.0
停止按钮 SB2	I0.1	接触器线圈 KM2	Q2.1

(2) 绘制 PLC 硬件接线图

根据图 2.55 所示的控制电路图以及 I/O 分配,绘制 PLC 硬件接线图如图 2.56 所示,以保证接线正确。

(3) 设计梯形图程序

用梯形图编辑器来输入程序,图 2.57 给出了电动机定子绕组串电阻降压启动运行控制电路的梯形图参考程序。

(4) 调试并运行

梯形图设计完成后,将程序下载至 PLC 中,然后将 PLC 置于 RUN(运行)状态,按下启动按钮 SB1,KM1 线圈得电,电动机 M 串电阻降压启动运行,KM1 常开触点得电,定时器开始计时,5 s 计时时间到,KM2 线圈得电,其常闭触点断开,KM1 线圈失电,电动机全压运行,直到按下停止按钮 SB2,电动机停止运行。打开 STEP7-Micro/WIN 软件中的程序状态监控按钮,观察 PLC 内部触点的得电情况来监控程序。

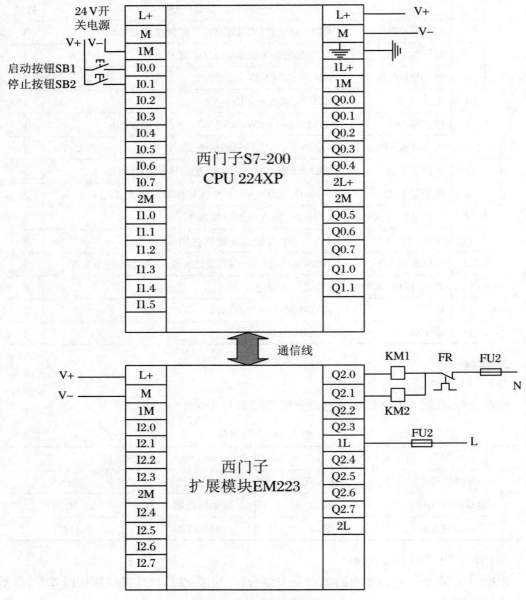

图 2.56　PLC 硬件接线图

3. 注意事项

① 进行硬件接线时,必须保证接触器 KM1 的两个辅助常开触点不能接在同一个位置上。

② 定时器的计时时间必须预先设置完成。

③ 电路的主电路部分参照学习情境 1 任务 1.3.2 进行连接。

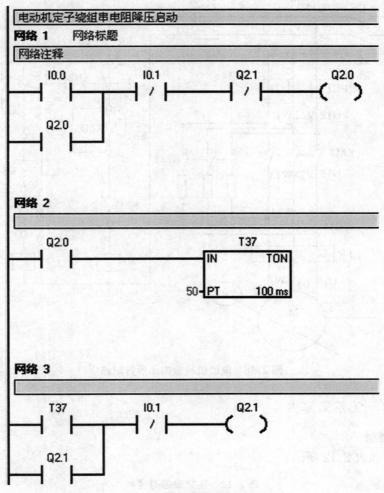

图 2.57　梯形图参考程序

4. 思考与讨论

① 定时器的作用是什么？它和继电器控制中的时间继电器是否相同？

② KM1 和 KM2 闭合时，能否改变流入三相异步电动机三相绕组的相序？

5. 考核与评价标准

参照表 2.5 进行考核与评价，考核时间为 2 小时。

任务 2.3.5　PLC 控制三相异步电动机反接制动运行

2.3.5.1　任务描述

用 PLC 控制如图 2.58 所示的三相异步电动机反接制动运行电路。

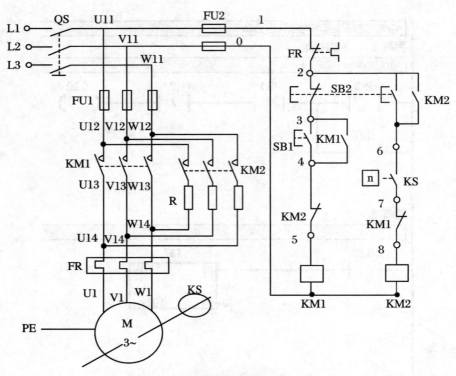

图 2.58　电动机反接制动运行电路

2.3.5.2　任务实施内容

1. 实施器材

实施器材如表 2.12 所示。

表 2.12　实施设备与器材

工具	验电笔、螺钉旋具、尖嘴钳、剥线钳、电工刀等常用工具			
仪表	VC980 数字万用表			
设备或器材	序号	名　　称	型号/规格	数量
	1	S7-200 CPU	CPU224 XP DC/DC/DC＋扩展模块 EM223	1
	2	计算机	操作系统是 Windows 2000 以上	1
	3	PC/PPI 电缆	RS-232C/PPI 或 USB/PPI	1
	4	编程软件	STEP7-Micro/WIN　V4.0	1
	5	电动机 M	Y-112M-4,4 kW、380 V、8.8 A、1 440 r/min	1
	6	组合开关 QS	HZ10-25/3,三极额定电流 25 A	1
	7	熔断器 FU1	RL1-60/25,500 V、60 A,配熔体额定电流 25 A	3
	8	熔断器 FU2	RL1-15/2,500 V、15 A,配熔体额定电流 2 A	2
	9	交流接触器 KM1、2	CJ10-20,20 A 线圈电压 380 V	2

续表

	序号	名　称	型号/规格	数量
设备或器材	10	按钮 SB1、2	LA10-3H,保护式按钮 3(代用)	2
	11	热继电器 FR	JR16-20/3,20 A、三相、发热元件 11 A(整定值 9.5 A)	2
	12	电阻 R	限流电阻,100 Ω、50 W	3
	13	速度继电器 KS	离心开关,含有一对常闭、一对常开触点	1
	14	端子板 XT	JX2-1015,10 A,15 节	1

2. 实施步骤

(1) I/O 分配

根据分析,对输入量和输出量进行分配如表 2.13 所示。

表 2.13　I/O 分配

输　入　量		输　出　量	
元件代号	输入点	元件代号	输出点
启动按钮 SB1	I0.0	接触器线圈 KM1	Q2.0
停止按钮 SB2	I0.1	接触器线圈 KM2	Q2.1
速度继电器常开触点	I0.2		

(2) 绘制 PLC 硬件接线图

根据图 2.58 所示的控制电路图以及 I/O 分配,绘制 PLC 硬件接线图如图 2.59 所示,以保证接线正确。

(3) 设计梯形图程序

用梯形图编辑器来输入程序,图 2.60 给出了电动机反接制动运行控制电路的梯形图参考程序。

(4) 调试并运行

梯形图设计完成后,将程序下载至 PLC 中,然后将 PLC 置于 RUN(运行)状态,按下启动按钮 SB1,KM1 线圈得电,电动机 M 启动连续运行,当电机转速达到 120 r/min 时,KS 常开触点得电。按下停止按钮 SB2,KM2 线圈得电,电动机反接制动运行,直至电动机的转速降至 100 r/min 时,KS 常开触点失电,电动机停止运行。打开 STEP7-Micro/WIN 软件中的程序状态监控按钮,观察 PLC 内部触点的得电情况来监控程序。

3. 注意事项

① 进行硬件接线时,必须连接 KS 的常开触点。

② 接触器的互锁触点一定不能忘记接线。

③ 电路的主电路部分参照学习情境 1 任务 1.3.3 进行连接。

4. 思考与讨论

如果在控制电路中不使用 KS 的常开触点,电动机会怎么样?

5. 考核与评价标准

参照表 2.5 进行考核与评价,考核时间为 3 小时。

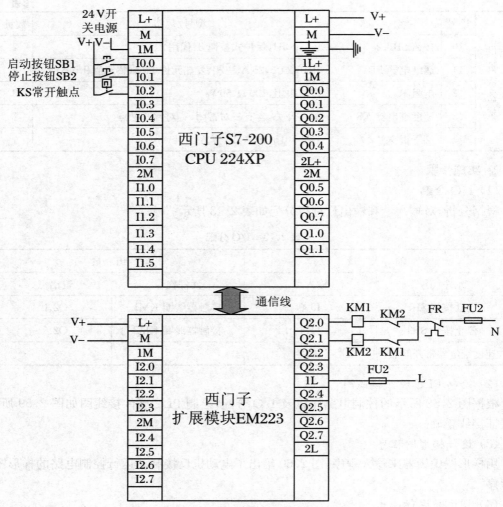

图 2.59　PLC 硬件接线图

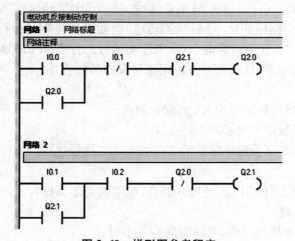

图 2.60　梯形图参考程序

学习情境 3 变频器控制三相异步电动机运行

3.1 情 境 目 标

本情境通过对变频器的分类与原理、变频器的外部接线(以西门子 MM420 变频器为例)、变频器的快速调试(以西门子 MM420 变频器为例)、变频器的外部内部控制方式相关知识的介绍,使学生初步认识变频器的结构与原理,能够正确调节变频器的参数,完成对三相异步电动机的固定频率运行、变速运行、多段速运行控制电路的安装、接线与调试,另外通过与 PLC 结合对三相异步电动机实现其在工频和变频的运行方式下自由切换。

知识目标

① 了解变频器的分类;
② 掌握变频器的原理;
③ 了解变频器常见的内部外部控制方式参数设置及接线方式。

技能目标

① 能够以西门子 MM420 变频器为例对变频器进行快速调试;
② 能够对变频器进行参数设置,完成对三相异步电动机的固定频率运行、变速运行、多段速运行控制电路的安装、接线与调试;
③ 能够使用变频器与 PLC 结合实现对三相异步电动机在工频和变频的运行方式下自由切换。

3.2 情境相关知识

变频器是利用电力半导体器件的通断作用将工频电源变换为另一频率的电能控制装置,能实现对交流异步电动机的软起动、变频调速、提高运转精度、改变功率因数、过流/过压/过载保护等功能。变频器的产生,使交流调速代替了传统直流调速,并具有节能、提高产品质量和易于自动控制等优势,是一种最有发展潜力的调速方式。

知识链接 3.2.1　变频器的分类及原理

3.2.1.1　变频器的分类

变频器按其有无中间直流环节可以分为交-交变频器和交-直-交变频器,如图 3.1 所示。

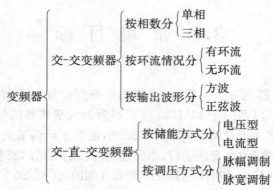

图 3.1　变频器的分类

1. 交-交型

输入是交流,输出也是交流。将工频交流电直接转换成频率、电压均可控制的交流(又称直接式变频器)。

2. 交-直-交型

输入是交流,变成直流再变成交流输出。将工频交流电通过整流变成直流电,然后再把直流电变成频率、电压、均可控的交流电(又称为间接变频器)。

(1) 根据储能方式不同,交-直-交变频器可以分为电流型和电压型两种。

① 电流型变频器:整流后的中间环节采用大电感滤波输出,电流波形平直且内阻大,等效成一个电流源。电流型变频器适用于大容量的变频器和频繁可逆运转的变频器。

② 电压型变频器:整流后的中间环节采用电容滤波,输出电压较平直且内阻小,可等效成一个电压源。电压型变频器适用于不要求正反转和快速加减速的变频场合。

(2) 根据调压方式不同,交-直-交变频器可以分为脉宽调制和脉幅调制两种。

① 脉宽调制(PWM):脉宽调制主要通过控制输出脉冲的占空比来控制输出电压的大小。

② 脉幅调制(PAW):脉幅调制是一种通过改变电流源的电流或者电压源的电压来控制输出的一种控制方式。在整流部分只控制输出电压或电流,在逆变部分只控制频率。

3.2.1.2　变频器的原理

1. 交-直-交变频器的工作原理

交-直-交变频器也叫作间接变频器,它首先是先将工频交流电(我国是 50 Hz)通过整流环节转变成直流电,再通过逆变环节将转换后的直流电变成电压和频率可调的交流电。交-直-交变频器的主电路如图 3.2 所示。

交-直-交变频器的主电路可以分为以下几部分。

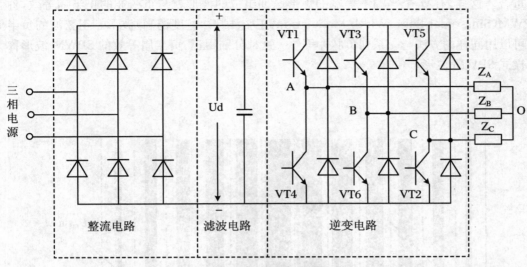

图 3.2　交-直-交变频器的主电路

（1）整流电路——交-直部分

整流电路通常由二极管或可控硅构成的桥式电路组成。根据输入电源的不同，分为单相桥式整流电路和三相桥式整流电路。我国常用的小功率的变频器多数为单相 220 V 输入，较大功率的变频器多数为三相 380 V（线电压）输入。

（2）滤波电路——中间环节

根据贮能元件不同，可分为电容滤波和电感滤波两种。由于电容两端的电压不能突变，流过电感的电流不能突变，所以用电容滤波就构成电压源型变频器，用电感滤波就构成电流源型变频器。

（3）逆变电路——直-交部分

逆变电路是交-直-交变频器的核心部分，其中 6 个三极管按其导通顺序分别用 VT1～VT6 表示，与三极管反向并联的二极管起续流作用。按每个三极管的导通电角度又分为 120°导通型和 180°导通型两种类型。

逆变电路的输出电压为阶梯波，虽然不是正弦波，却是彼此相差 120°的交流电压，即实现了从直流电到交流电的逆变。输出电压的频率取决于逆变器开关器件的切换频率，达到了变频的目的。

实际逆变电路除了基本元件三极管和续流二极管外，还有保护半导体元件的缓冲电路，三极管也可以用门极可关断晶闸管代替。

（4）SPWM 控制技术原理

我们期望变频器的输出电压波形是纯粹的正弦波形，但就目前技术而言，还不能制造功率大、体积小、输出波形如同正弦波发生器那样标准的可变频变压的逆变器。目前技术很容易实现的一种方法是：逆变器的输出波形是一系列等幅不等宽的矩形脉冲波形，这些波形与正弦波等效，如图 3.3 所示。

等效的原则是每一区间的面积相等。如果把一个正弦半波分作 n 等份（图 3.3 中 n 等于 12，实际 n 要大得多），然后把每一等份的正弦曲线与横轴所包围的面积都用一个与此面积相等的矩形脉冲来代替，脉冲幅值不变，宽度为 δ_t，各脉冲的中点与正弦波每一等份的中点重合。这样,有 n 个等幅不等宽的矩形脉冲组成的波形就与正弦波的正半周等效,称为 SPWM(Sinusoidal Pulse Width Modulation,正弦波脉冲宽度调制)波形。正弦波的负半周也可以用同样的方法与一系列负脉冲等效。这种分别用正、负半周等效的 SPWM 波形称为单极式 SPWM 波形。

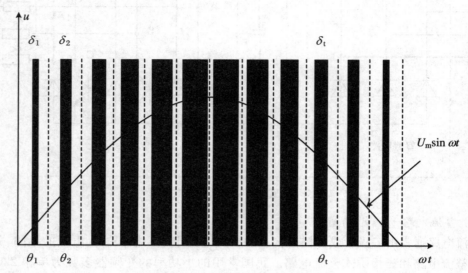

图 3.3　单极式 SPWM 电压波形

虽然 SPWM 电压波形与正弦波相差甚远,但由于变频器的负载是电感性负载电动机,而流过电感的电流是不能突变的,当把调制频率为几千赫兹的 SPWM 电压波形加到电动机时,其电流波形就是比较好的正弦波了。

2. 交-交变频器的工作原理

交-交变频器也称为直接变频器,是直接将恒定电压和恒定频率的交流电转换为可变电压和可变频率的交流电。

在有源逆变电路中,若采用两组反向并联的可控整流电路,适当控制各组可控硅的关断与导通,就可以在负载上得到电压极性和大小都改变的直流电压。若再适当控制正反两组可控硅的切换频率,在负载两端就能得到交变的输出电压,从而实现交-交直接变频。

单相输出的交-交变频器如图 3.4 所示。它实质上是一套三相桥式无环流反并联的可逆装置。正、反向两组晶闸管按一定周期相互切换。正向组工作时,反向组关断,在负载上得到正向电压;反向组工作时,正向组关断,在负载上得到反向电压。工作晶闸管的关断通过交流电源的自然换相来实现。这样,在负载上就获得了交变的输出电压 u_o。

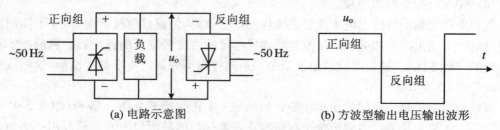

(a) 电路示意图　　　　　　　　(b) 方波型输出电压输出波形

图 3.4　交-交变频器一相电路及波形

知识链接 3.2.2 变频器的外部接线

变频器在使用前,首先必须了解变频器的外部端子的含义以及正确的接线方式,才能对变频器进行正确的使用。这里以西门子 MM420 变频器为例,介绍变频器的外部端子含义以及其外部接线。

3.2.2.1 认识西门子 MM420 变频器的接线端子

按图 3.5 所示的西门子 MM420 变频器机壳盖板的拆卸步骤即可打开西门子 MM420 变频器的接线端子盖板。打开后的外部端子信息如图 3.6 所示,MM420 变频器的方框图如图 3.7 所示。

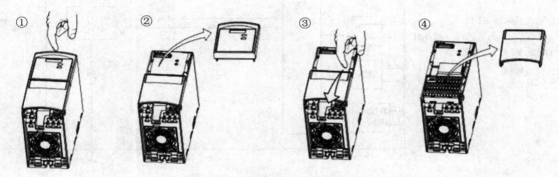

图 3.5 西门子 MM420 变频器机壳盖板的拆卸步骤

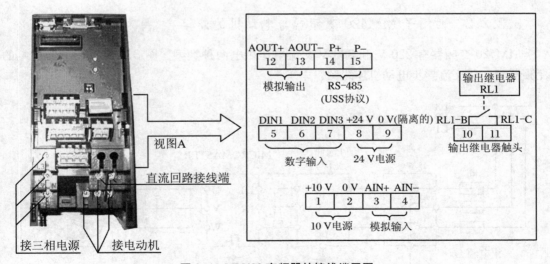

图 3.6 MM420 变频器的接线端子图

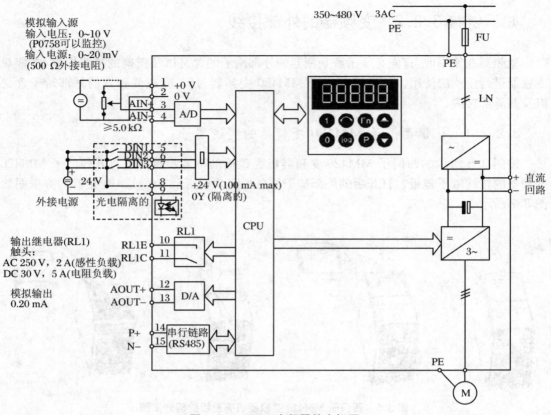

图 3.7　MM420 变频器的方框图

3.2.2.2　西门子 MM420 变频器与电动机的连接

MM420 变频器有 220 V 和 380 V 交流电压供电两种类型。图 3.8 是三相电源供电的变频器与三相交流异步电动机连线图。

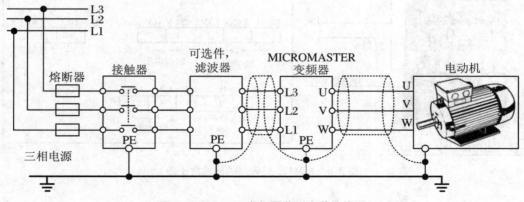

图 3.8　MM420 变频器典型安装接线图

知识链接 3.2.3　变频器的快速调试

变频器在使用时,必须进行参数设置。一般地,先将变频器的参数恢复成出厂设置,然后将变频器调到快速调试模式下进行参数设置。

这里以西门子 MM420 变频器为例,介绍变频器的参数设置。MM420 变频器在标准供货方式时装有状态显示板 SDP(图 3.9(a)),对于很多用户来说,利用 SDP 和制造厂的缺省设置值,就可以使变频器成功地投入运行。如果工厂的缺省设置值不适合您的设备情况,您可以利用基本操作板 BOP(图 3.9(b))或高级操作板 AOP(图 3.9(c))修改参数,使之匹配起来。BOP 和 AOP 是作为可选件供货的。也可以用 PC IBN 工具"Drive Monitor"或"STARTER"来调整工厂的设置值。相关的软件在随变频器供货的 CD ROM 中可以找到。

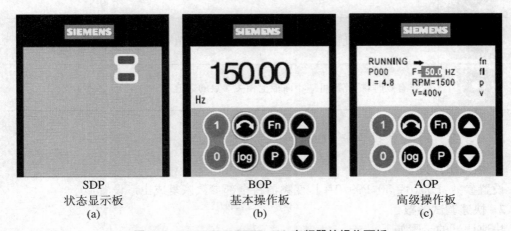

SDP　　　　　　　　BOP　　　　　　　　AOP
状态显示板　　　　　基本操作板　　　　　高级操作板
(a)　　　　　　　　　(b)　　　　　　　　　(c)

图 3.9　MICROMASTER 420 变频器的操作面板

3.2.3.1　基本操作板(BOP)介绍

利用基本操作面板(BOP,图 3.9(b))可以改变变频器的各个参数,为了利用 BOP 设定参数,必须首先拆下 SDP,并装上 BOP。BOP 具有 7 段显示的五位数字,可以显示参数的序号和数值、报警和故障信息,以及设定值和实际值。参数的信息不能用 BOP 存储。

在设置参数之前,要了解操作面板上有哪些按钮以及各按钮的功能,才能知道如何设置参数。基本操作面板(BOP)上的按钮及其功能如表 3.1 所示。

表 3.1　基本操作面板(BOP)上的按钮及其功能

按　钮	功　　　能
Ｉ	变频器启动按钮,参数 P0700＝1 时有效,否则此按钮被锁定,操作无效
Ｏ	变频器停止按钮,参数 P0700＝1 时有效,否则此按钮被锁定,操作无效 操作有效时,按此键一次,电动机按设定的斜坡下降时间停车;按此键两次或长按一次,电动机在惯性作用下自由停车

按　钮	功　　能
	参数 P0700＝1 时有效,按下此键电动机的运行方向改变
	变频器控制的电动机在停止状态下,按此键电动机按设定频率点动运行,释放此键电动机停车 电动机运行状态下,按下此键无任何变化
	功能键,按此键可显示电动机工作的相关参数,另此键具有跳转功能
	按此键可访问相关参数
	操作有效时,按此键可增加面板上相关参数的数值
	操作有效时,按此键可减小面板上相关参数的数值

3.2.3.2　用基本操作板(BOP)进行快速调试

1. 恢复出厂设置

设置参数:P0010＝30,P0970＝1,变频器将全部参数恢复成出厂设置。

2. 快速调试参数

快速调试的步骤如下:

① 设置 P0010＝1,进入快速调试模式。调试结束后,在电动机运行前应设置 P0010＝0 进入准备运行模式。

② 设置工作地,相关参数 P0100＝0,即选择工作地区是欧洲/北美。我国的工频与此一致。

③ 设置电动机额定电压,相关参数 P0304,可设参数范围为 10～2 000 V。

④ 设置电动机额定电流,相关参数 P0305。

⑤ 设置电动机额定功率,相关参数 P0307,可设范围为 0～2 000 kW。

⑥ 设置电动机额定频率,相关参数 P0310,可设范围为 12～650 Hz。

⑦ 设置电动机额定转速,相关参数 P0311,可设范围为 0～40 000 r/min。

⑧ 设置 P0700＝1,即用基本操作面板(BOP)为命令源。BOP 基本操作面板如图 3.9(b)所示。

⑨ 选择频率设定值,相关参数 P1000。P1000＝0 时无频率设定;P1000＝1 时,用 BOP 控制频率的升降;P1000＝2 时,模拟量设定值。

⑩ 设置电动机最小频率,相关参数 P1080,可设范围为 0～650 Hz。一般最小频率设为 0 Hz,即 P1080＝0。

⑪ 设置电动机最大频率,相关参数 P1082,可设范围为 0～650 Hz。一般最大频率设为 50 Hz,即 P1080＝50。

⑫ 设置斜坡上升时间,即电动机从静止加速到电动机最大频率所需要的时间,相关参数 P1120,可设范围为 0～650 s。

⑬ 设置斜坡下降时间,即电动机从最大频率到静止所需要的时间,相关参数 P1121,可设范围为 0～650 s。

⑭ 结束快速调试,相关参数 P3900。结束快速调试,不进行任何电动机计算或复位为工厂缺省设置时,设置 P3900＝0;结束快速调试,进行电动机计算以及复位为工厂缺省设置时,设置 P3900＝1(一般推荐此设置方式);结束快速设置,并进行电动机计算和 I/O 复位,设置 P3900＝2;结束快速设置,进行电动机计算,但不复位 I/O,设置 P3900＝3。

以上快速调试时需要注意的是与电动机有关的参数应参照电动机的铭牌。

3.2.3.3　变频器的常用参数说明

变频器参数中有些参数经常使用,需要频繁进行设置,这里对变频器经常使用的几个参数进行说明。

1. P0003 用户访问级

本参数用于定义用户访问参数组的等级。对于大多数简单的应用对象,采用缺省设定值(1,标准模式)就可以满足要求了。

可能的设定值:

0　用户定义的参数表有关使用方法的详细情况请参看 P0013 的说明。

1　标准级:可以访问最经常使用的一些参数。

2　扩展级:允许扩展访问参数的范围,例如变频器的 I/O 功能。

3　专家级:只供专家使用。

4　维修级:只供授权的维修人员使用,具有密码保护。

2. P0004 参数过滤器

按功能的要求筛选(过滤)出与该功能有关的参数,这样,可以更方便地进行调试。

举例:

P0004＝22 选定的功能是,只能看到 PID 参数。

可能的设定值:

0　全部参数

2　变频器参数

3　电动机参数

7　命令,二进制 I/O

8　ADC(模-数转换)和 DAC(数-模转换)

10　设定值通道/RFG 斜坡函数发生器

12　驱动装置的特征

13　电动机的控制

20　通信

21　报警/警告/监控

22　工艺参量控制器,例如 PID

关联:

参数的标题栏中标有"快速调试:是"的参数只能在 P0010＝1(快速调试)时进行设定。

3．P0010 调试参数过滤器

本设定值是对与调试相关的参数进行过滤，只筛选出那些与特定功能组有关的参数。

可能的设定值：

0　　准备

1　　快速调试

2　　变频器

29　　下载

30　　工厂的设定值

关联：

在变频器投入运行之前应将本参数复位为 0；P0003（用户访问级）与参数的访问也有关系。

4．P0700 选择命令源

选择数字的命令信号源。

可能的设定值：

0　　工厂的缺省设置

1　　BOP（键盘）设置

2　　由端子排输入

4　　通过 BOP 链路的 USS 设置

5　　通过 COM 链路的 USS 设置

6　　通过 COM 链路的通信板（CB）设置

说明：

改变这一参数时，同时也使所选项目的全部设置值复位为工厂的缺省设置值。例如：把它的设定值由 1 改为 2 时，所有的数字输入都将复位为缺省的设置值。

5．P0701、P0702、P0703 数字输入 1、2、3 的功能

选择数字输入 1、2、3 的功能。

可能的设定值：

0　　禁止数字输入

1　　ON/OFF1（接通正转/停车命令 1）

2　　ONreverse/OFF1（接通反转/停车命令 1）

3　　OFF2（停车命令 2），按惯性自由停车

4　　OFF3（停车命令 3），按斜坡函数曲线快速降速停车

9　　故障确认

10　　正向点动

11　　反向点动

12　　反转

13　　MOP（电动电位计）升速（增加频率）

14　　MOP 降速（减少频率）

15　　固定频率设定值（直接选择）

16　　固定频率设定值（直接选择 + ON 命令）

17　　固定频率设定值（二进制编码选择 + ON 命令）

25　　直流注入制动

29　由外部信号触发跳闸

33　禁止附加频率设定值

99　使能 BICO 参数化

关联：

设定值为 99（使能 BICO 参数化）时，要求 P0700（命令信号源）或 P3900（结束快速调试）= 1,2 或 P0970（工厂复位）= 1 才能复位。

6. P0970 工厂复位

P0970 = 1 时所有的参数都复位到它们的缺省值。

可能的设定值：

0　禁止复位

1　参数复位

关联：

工厂复位前，首先要设定 P0010 = 30（工厂设定值），在把参数复位为缺省值之前，必须先使变频器停车（即封锁全部脉冲）。

7. P1000 频率设定值的选择

选择频率设定值的信号源。在下面给出的可供选择的设定值表中，主设定值由最低一位数字（个位数）来选择（即 0～6）。而附加设定值由最高一位数字（十位数）来选择（即 x0～x6，其中 x = 1～6）。

举例：

设定值 12 选择的是主设定值（2）由模拟输入，而附加设定值（1）则来自电动电位计。

设定值：

1　电动电位计设定

2　模拟输入

3　固定频率设定

4　通过 BOP 链路的 USS 设定

5　通过 COM 链路的 USS 设定

6　通过 COM 链路的通信板（CB）设定

8. P1001～P1007 固定频率 1～7

定义固定频率 1～7 的设定值。常用于变频器控制多段速运行中。

9. P1031 MOP 的设定值存储

0　MOP 的设定值不存储

1　MOP 的设定值存储

定义固定频率 1～7 的设定值。常用于变频器控制多段速运行中。

10. P1032 禁止反向的 MOP 设定值

0　允许反向的 MOP 设定值

1　禁止反向的 MOP 设定值

11. P1040 MOP 的设定值

确定由电动电位计控制时（P1000 = 1）的设定值。

12. P1058 正向点动频率

点动操作由操作面板的 JOG（点动）按键控制，或由连接在一个数字输入端的不带闩锁的开关(按下时接通,松开时自动复位)来控制。

选择正向点动时,由这一参数确定变频器正向点动运行的频率。点动时采用斜坡上升和下降时间分别在参数 P1060 和 P1061 中设定。

13.P1059 反向点动频率

选择反向点动时,由这一参数确定变频器反向点动运行的频率。点动时采用斜坡上升和下降时间分别在参数 P1060 和 P1061 中设定。

14.P1060 点动的斜坡上升时间

点动所用的加速时间。

15.P1061 点动的斜坡下降时间

点动所用的减速时间。

16.P1080 最低频率

最低频率是根据生产需要设置的最小运行频率。若运行频率设定值低于 P1080 设定的值,则实际的运行频率被限制在 P1080 设定频率值上。

17.P1082 最高频率

最高频率是根据生产需要设置的最大运行频率。若运行频率设定值高于 P1082 设定的值,则实际的运行频率被限制在 P1082 设定频率值上。

18.P1120 斜坡上升时间

电动机从静止状态 0 Hz 加速到最高频率(P1082)所用的时间。如果设定的斜坡上升时间太短,就有可能导致变频器跳闸(过电流)。

19.P1121 斜坡下降时间

电动机从最高频率(P1082)减速至静止状态 0 Hz 所用的时间。如果设定的斜坡下降时间太短,就有可能导致变频器跳闸(过电流(F001)/过电压(F002))。

知识链接 3.2.4　变频器的控制方式

变频器常用的控制方式分为非智能控制方式和智能控制方式两大类。其中,非智能控制方式包括 U/F 控制、矢量控制、转差频率控制、直接转矩控制和最优控制等。智能控制方式包括神经网络控制、模糊控制、专家系统以及学习控制等。

3.2.4.1　非智能控制方式

1.U/F 控制

(1) U/F 控制的控制原理

U/F 控制是指在改变频率的同时也改变电压,使 U/F 保持恒定不变,此时,电动机的每级磁通量就能在额定值附近保持恒定不变,从而保证电动机在一个较宽的调速范围内,其效率、转矩以及功率因素保持不下降。

(2) U/F 控制的特点

U/F 控制采用的是开环控制方式,结构简单;但控制性能不高且在低频时转矩特性也不是很好,因而,需要在低频时增加转矩补偿以改善低频转矩特性。

2.矢量控制

(1) 矢量控制的控制原理

矢量控制是通过控制变频器输出电流的大小、相位以及频率(变频器的输出电流极为电动机的定子电流),从而控制励磁电流和转矩电流(d、q、o 坐标系中),以维持电动机内部的磁通为设定值,从而产生所需的转矩。

常用的矢量控制方式又分为基于转差频率控制的矢量控制方式和无速度传感器的矢量控制方式。

基于转差频率控制的矢量控制方式是在转差频率控制的基础上,增加了坐标变换和对定子电流相位的控制环节,能消除转矩电流过渡过程中的波动。

无速度传感器的矢量控制方式是一种先通过坐标变换控制励磁电流和转矩电流,再控制电动机定子绕组上的电压、电流辨识转速来控制转矩电流和励磁电流。

(2) 矢量控制的特点

基于转差频率控制的矢量控制方式采用的是闭环控制,且要在电动机上装速度传感器,应用的范围受限。

无速度传感器的矢量控制方式的一些特性很好,例如工作可靠、操作方便、调速范围宽,但是计算复杂,需要专门的处理器,实用性不强。

总的来说,矢量控制方式具有动态响应快、低频转矩大以及控制灵活的优点,适用于要求高速响应、较恶劣的工作环境(如高温、高湿、高腐蚀等)、高精度以及四象限运转的场合。

3. 转差频率控制

(1) 转差频率控制的控制原理

转差频率是指电动机的交流电压频率与其电气角频率的差频率。

转差频率控制是在 U/F 控制基础上进行的,因为当电动机的磁通保持基本不变时,电动机的转差角频率决定了其转矩和电流。此时,若在 U/F 控制的基础上,增加对电动机转差角频率的控制,那么就可以由此控制电动机的转矩了。因此,转差频率控制也是一种直接控制转矩的方式。

一般通过在电动机转子上安装速度传感器测出转子转速,将其加上转差频率就可作为变频器逆变部分的输出频率。

(2) 转差频率控制的特点

转差频率控制方式有反馈环节,是一种闭环控制方式,当加减速时间较短或负载变动时有很好的相应特性,且稳定性也较好。

4. 直接转矩控制

(1) 直接转矩控制的控制原理

直接转矩控制是直接将转矩作为控制量,从空间矢量坐标的角度出发,在定子坐标系下分析交流电动机的模型,从而控制电动机的转矩和磁链。

(2) 直接转矩控制的特点

直接转矩控制方式系统直观简洁、控制精度好,除定子电阻外电动机的所有参数变化鲁棒性好。

5. 最优控制

最优控制是指在实际应用中具体问题具体对待,根据最优控制理论对某一个控制要求进行个别参数的最优化。例如在高压变频器的控制应用中,结合时间分段控制和相位平移控制两种策略,实现电压输出波形的最优化。

3.2.4.2 智能控制方式

1. 神经网络控制

神经网络控制是指在控制系统中采用神经网络这一工具对难以精确描述的复杂的非线性对象进行建模,或充当控制器,或优化计算,或进行推理,或故障诊断,或同时兼有上述某些功能的适应组合,将这样的系统统称为神经网络的控制系统,这种控制方式称为神经网络控制。

神经网络控制用于变频控制时,神经网络完成系统辨识和控制的功能,可同时控制多个变频器。

神经网络控制适用于多个变频器级联的场合。

2. 模糊控制

模糊控制主要用来控制变频器的电压和频率,此种控制方式可以有效控制电动机的升速时间,防止电动机升速过快减小使用寿命或升速过慢影响工作效率。模糊控制适用于多输入单输出的控制系统。

3. 专家系统

专家系统是一种利用"专家"的经验来控制的方式。专家系统要建立一个丰富的专家库,里面存放着大量的专家信息,以及良好的推理机制,以便于根据已知信息在专家库中找到最合适的控制结果。

专家库与推理机制的设计是尤为重要的,关系着专家系统控制的优劣。应用专家系统可以控制变频器的电压和电流。

4. 学习控制

学习控制是一种靠自身的学习来认识控制对象和外界环境的特点,并相应地改变自身特性以改善控制性能的系统。学习控制无需很多系统信息,但是需要 1～2 个学习周期,因而响应特性较差。

学习控制主要是用于重复性的输入,而规则的 PWM 信号比较实用,因而学习控制也可用于变频器控制。

3.3 操 作 实 践

任务 3.3.1 变频器控制三相异步电动机变速运行

3.3.1.1 任务描述

使用变频器实现控制三相异步电动机变速运行。

3.3.1.2 任务实施内容

1. 实施器材

实施器材如表 3.2 所示。

表 3.2　实施设备与器材

工具	验电笔、螺钉旋具、尖嘴钳、剥线钳、电工刀等常用工具		
仪表	VC980 数字万用表		
设备或器材	序号	名　称	型号/规格	数量
	1	变频器	MM420	1
	2	电动机 M	Y-112M-4，4 kW、380 V、8.8 A、1 440 r/min	1
	3	组合开关 QS	HZ10-25/3，三极额定电流 25 A	1
	4	熔断器 FU1	RL1-60/25，500 V、60 A，配熔体额定电流 25 A	3
	5	端子板 XT	JX2-1015，10 A，15 节	1

2.实施步骤

（1）连接电路图

根据图 3.10 所示，连接电路图。

（2）设置变频器参数，完成快速调试

按照图 3.10 连接完成电路后，给变频器通电。这时要进入快速调试（P0010＝1）查看变频器内的电动机参数，并按照所使用的电动机的铭牌进行参数调整（参看本章知识链接 3.2.3 变频器的快速调试）。再设置参数 P0700 和 P1000，均设置为 1。

（3）使用变频器实现对三相异步电动机调速运行

快速调试结束后就可以按下 ⊙ 运行电动机。按下"数值增加" ⬆ 按钮，电动机转动速度将逐渐增加到 50 Hz。当变频器的输出频率达到 50 Hz 时，按下"数值降低" ⬇ 按钮，电动机的速度及其显示值逐渐下降。用 ⟳ 按钮，可以改变电动机的转动方向。按下红 ⓞ 按钮，电动机停车。

3.注意事项

① 进行硬件接线时，注意核查所使用的 MM420 是否是三相电源供电。

② 变频器快速调试之前，首先要将所有参数恢复出厂设置。

4.思考与讨论

① 变频器恢复出厂设置时，P0970 是多少？

② 如果采用单相的变频器供电，则电路连接图应如何绘制？

5.考核与评价标准

如表 3.3 所示。

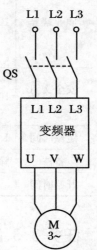

图 3.10　变频器与电动机连接电路图

表 3.3　考核与评价参考表

任务内容	配分	评 分 标 准	扣 　分	自评	互评	教师评
安装与接线	40 分	(1) 元器件布置不整齐、不均匀、不合理 (2) 元件安装松动 (3) 接点松动、露铜过长、反圈 (4) 损坏元件电器 (5) 损伤导线绝缘层或线芯	每处扣 2 分 每只扣 1 分 每处扣 1 分 每只扣 5 分 每根扣 1 分			
变频器快速调试	40 分	(1) 不会熟练使用变频器 BOP 按钮 (2) 不会正确使用 BOP 按钮进行参数设置 (3) 参数设置完成后,第一次不会运行操作 (4) 参数设置完成后,第二次不会运行操作 (5) 参数设置完成后,第三次不会运行操作	扣 2 分 每项扣 2 分 扣 8 分 扣 15 分 扣 30 分			
职业素养	10 分	(1) 学习主动性差,学习准备不充分 (2) 团队合作意识差 (3) 语言表达不规范 (4) 时间观念不强,工作效率低 (5) 不注重工作质量和工作成本	扣 2 分 扣 2 分 扣 2 分 扣 2 分 扣 2 分			
安全文明生产	10 分	(1) 安全意识差 (2) 劳动保护穿戴不齐 (3) 操作后不清理现场	扣 10 分 扣 10 分 扣 5 分			
定额时间	1.0 h,每超时 5 min(不足 5 min 以 5 min 计)		扣 5 分			
备注	除定额时间外,各项目的最高扣分不应超过配分数					
开始时间		结束时间	总评分			

任务 3.3.2　变频器控制三相异步电动机按固定频率运行

3.3.2.1　任务描述

使用变频器实现控制三相异步电动机按固定频率运行。

3.3.2.2　任务实施内容

1. 实施器材

实施器材如表 3.4 所示。

表 3.4　实施设备与器材

工具	验电笔、螺钉旋具、尖嘴钳、剥线钳、电工刀等常用工具			
仪表	VC980 数字万用表			
设备或器材	序号	名　称	型号/规格	数量
	1	变频器	MM420	1
	2	电动机 M	Y-112M-4,4 kW,380 V,8.8 A,1 440 r/min	1
	3	组合开关 QS	HZ10-25/3,三极额定电流 25 A	1
	4	熔断器 FU1	RL1-60/25,500 V、60 A、配熔体额定电流 25 A	3
	5	端子板 XT	JX2-1015,10 A,15 节	1

2. 实施步骤

① 连接电路图。根据图 3.10 所示,连接电路图。

② 设置变频器参数,完成快速调试。按照图 3.10 连接完成电路后,给变频器通电。这时要进入快速调试(P0010＝1)查看变频器内的电动机参数是否是当前电动机的相关参数,不同的数值要校正(参看本章知识链接 3.2.3 变频器的快速调试)。再设置参数 P0700 和 P1000,均设置为 1。

③ 按 ⓟ 访问参数,屏幕上显示"r0000"。

④ 按 ⏶ 直到显示 P0003,按 ⓟ 进入参数值访问级,把参数设定成≥2。按 ⓟ 确定。

⑤ 用同样方式把 P0004 设定成 0。

⑥ 把 P1040 设定为想要确定的频率数值。

⑦ 按 Ⓘ 启动电动机,电动机将按固定好的频率运行。

3. 注意事项

① 变频器快速调试之前,首先要将所有参数恢复出厂设置。

② 设置固定频率前,首先要对参数访问级进行设置,否则无法找到 P1040 参数。

4. 思考与讨论

① 变频器恢复出厂设置时,P0010 为多少?

② 参数 P0003 和 P0004 的作用分别是什么?

5. 考核与评价标准

参照表 3.3 进行考核与评价,考核时间为 1 小时。

任务 3.3.3　变频器与 PLC 结合控制三相异步电动机工频、变频切换运行

3.3.3.1　任务描述

使用变频器与 PLC 结合实现控制三相异步电动机工频、变频切换运行。

3.3.3.2　任务实施内容

1. 实施器材

实施器材如表 3.5 所示。

表 3.5　实施设备与器材

工具	验电笔、螺钉旋具、尖嘴钳、剥线钳、电工刀等常用工具			
仪表	VC980 数字万用表			
设备或器材	序号	名　　称	型号/规格	数量
	1	S7-200 CPU	CPU224 XP DC/DC/DC+扩展模块 EM223	1
	2	计算机	操作系统是 Windows 2000 以上	1
	3	PC/PPI 电缆	RS-232C/PPI 或 USB/PPI	1
	4	编程软件	STEP7-Micro/WIN　V4.0	1
	5	电动机 M	Y-112M-4,4 kW、380 V、8.8 A、1 440 r/min	1
	6	组合开关 QS	HZ10-25/3,三极额定电流 25 A	1
	7	熔断器 FU1	RL1-60/25,500 V、60 A、配熔体额定电流 25 A	3
	8	变频器	MM420	1
	9	交流接触器 KM1、2	CJ10-20,20 A 线圈电压 380 V	2
	10	按钮 SB1、2、3	LA10-3H,保护式按钮 3(代用)	1
	11	端子板 XT	JX2-1015,10A,15 节	1

2. 实施步骤

(1) I/O 分配

根据分析,对输入量和输出量进行分配如表 3.6 所示。

表 3.6　I/O 分配

输　入　量		输　出　量	
元件代号	输入点	元件代号	输出点
变频启动按钮 SB1	I0.0	KM1	Q2.0
工频启动按钮 SB2	I0.1	KM2	Q2.1
停止按钮 SB3	I0.2		

(2) 连接电路图

根据图 3.11 所示,连接工频、变频切换主电路图和 PLC 的硬件接线图。

(3) 设置变频器参数

参照任务 3.3.1 的内容,完成变频器的快速调试。

(4) 设计梯形图程序

用梯形图编辑器来输入程序,图 3.12 给出了变频器控制三相异步电动机的工频、变频切换的参考梯形图。

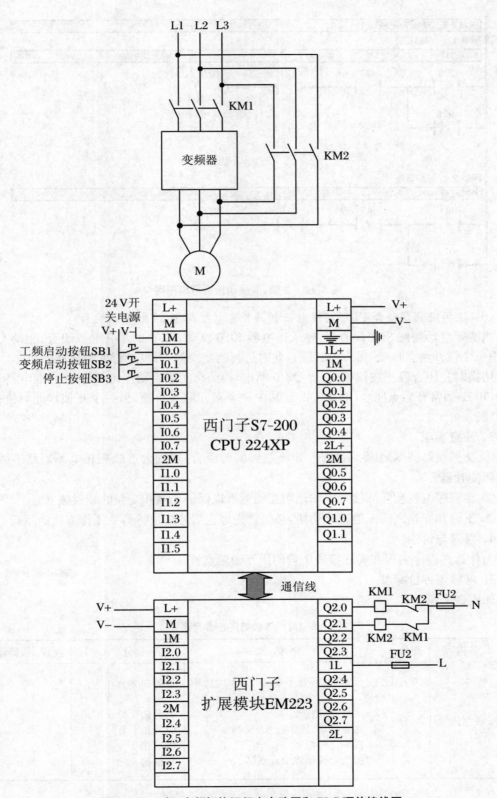

图 3.11　工频、变频切换运行主电路图和 PLC 硬件接线图

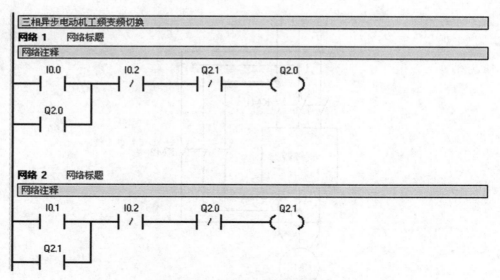

图 3.12 工频、变频切换运行梯形图

（5）使用变频器结合 PLC 实现对三相异步电动机工频、变频切换运行

当变频启动按钮 SB1 闭合时，输入继电器 I0.0 驱动，I0.0 的常开触点闭合，驱动 Q2.0（其中一个常开触点自锁，另一个互锁），此时进行的是变频，可以进行变频调速。

切换时先闭合停止按钮 SB3，使 Q2.0 断电，再闭合工频启动按钮 SB2，输入继电器 I0.1 驱动，I0.1 的常开触点闭合，驱动 Q2.1（其中一个常开触点自锁，另一个互锁），此时进行的是工频。

3. 注意事项

① 交流接触器 KM1 和 KM2 一定不能够同时吸合，否则会造成三相电源短路事故，可能烧坏变频器。

② 在程序编程和实际接线中均使用互锁触点以保证工频和变频的相对独立。

③ 工频和变频之间不能直接切换，必须首先停止后才能进行另一工作方式的运行。

4. 思考与讨论

为什么在程序编程和实际接线中均使用互锁触点？

5. 考核与评价标准

如表 3.7 所示。

表 3.7 考核与评价参考表

任务内容	配分	评 分 标 准	扣　　分	自评	互评	教师评
安装与接线	30 分	（1）元器件布置不整齐、不均匀、不合理 （2）元件安装松动 （3）接点松动、露铜过长、反圈 （4）损坏元件电器 （5）损伤导线绝缘层或线芯	每处扣 2 分 每只扣 1 分 每处扣 1 分 每只扣 5 分 每根扣 1 分			

续表

任务内容	配分	评 分 标 准	扣　分	自评	互评	教师评
变频器 快速调试	20 分	(1) 不会熟练使用变频器 BOP 按钮 (2) 不会正确使用 BOP 按钮进行参数设置 (3) 参数设置完成后,不会运行操作	扣 2 分 每项扣 2 分 扣 10 分			
程序输入 及调试	30 分	(1) 不会熟练使用计算机键盘输入指令 (2) 不会使用删除、插入、修改等指令 (3) 第一次调试不成功 (4) 第二次调试不成功 (5) 第三次调试不成功	扣 2 分 每项扣 2 分 扣 8 分 扣 15 分 扣 30 分			
职业素养	10 分	(1) 学习主动性差,学习准备不充分 (2) 团队合作意识差 (3) 语言表达不规范 (4) 时间观念不强,工作效率低 (5) 不注重工作质量和工作成本	扣 2 分 扣 2 分 扣 2 分 扣 2 分 扣 2 分			
安全文明 生产	10 分	(1) 安全意识差 (2) 劳动保护穿戴不齐 (3) 操作后不清理现场	扣 10 分 扣 10 分 扣 5 分			
定额时间	2.0 h,每超时 5 min(不足 5 min 以 5 min 计)		扣 5 分			
备注	除定额时间外,各项目的最高扣分不应超过配分数					
开始时间		结束时间	总评分			

任务 3.3.4　变频器控制三相异步电动机多段速运行

3.3.4.1　任务描述

使用变频器实现控制三相异步电动机多段速运行。

3.3.4.2　任务实施内容

1. 实施器材

实施器材如表 3.8 所示。

表 3.8　实施设备与器材

工具	验电笔、螺钉旋具、尖嘴钳、剥线钳、电工刀等常用工具			
仪表	VC980 数字万用表			
设 备 或 器 材	序号	名　　称	型号/规格	数量
	1	S7-200 CPU	CPU224 XP DC/DC/DC＋扩展模块 EM223	1
	2	计算机	操作系统是 Windows 2000 以上	1
	3	PC/PPI 电缆	RS-232C/PPI 或 USB/PPI	1

续表

	序号	名　　称	型号/规格	数量
设备或器材	4	编程软件	STEP7-Micro/WIN　V4.0	1
	5	电动机 M	Y-112M-4,4 kW、380 V、8.8 A、1 440 r/min	1
	6	组合开关 QS	HZ10-25/3,三极额定电流 25 A	1
	7	熔断器 FU1	RL1-60/25,500 V、60 A、配熔体额定电流 25 A	3
	8	变频器	MM420	1
	9	按钮 SB1、2	LA10-3H,保护式按钮 3(代用)	1
	10	端子板 XT	JX2-1015,10 A,15 节	1

2. 实施步骤

（1）I/O 分配

根据分析,对输入量和输出量进行分配如表 3.9 所示。

表 3.9　I/O 分配

输　入　量		输　出　量	
元件代号	输入点	元件代号	输出点
启动按钮 SB1	I0.0	DIN1	Q0.0
停止按钮 SB2	I0.1	DIN2	Q0.1
		DIN3	Q0.2

（2）连接电路图

根据图 3.13 所示,连接 PLC 与变频器的电路图。

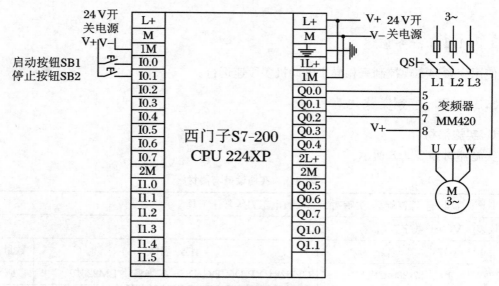

图 3.13　多段速运行电路图

（3）设置变频器参数

① 参照任务 3.3.1 的内容,完成变频器的快速调试。

② 将 P0003(参数访问级)设定为 3,P0700 设定为 1,P1000 设定为 3。

③ P0701～P0703 均设定为 17(二进制编码的十进制数(BCD 码)选择＋ON 命令)。

④ P1001 设定为 10 Hz,P1002 设定为 15 Hz,P1003 设定为 20 Hz,P1004 设定为25 Hz,
P1005 设定为 30 Hz,P1006 设定为 35 Hz,P1007 设定为 40 Hz。

（4）设计梯形图程序

用梯形图编辑器来输入程序,图 3.14 给出了变频器控制三相异步电动机的多段速运行
的参考梯形图。

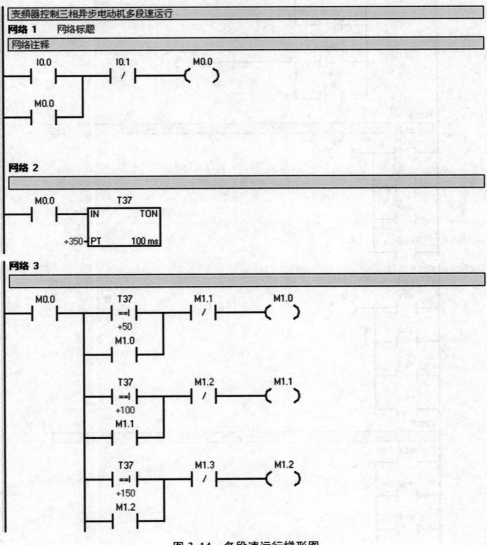

图 3.14　多段速运行梯形图

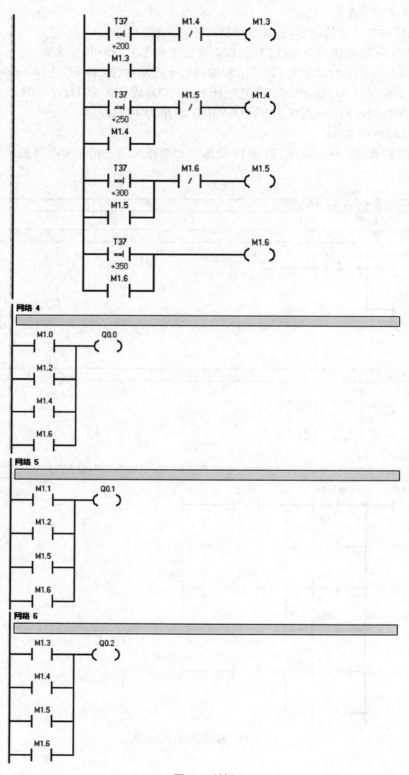

图 3.14(续)

（5）使用变频器实现对三相异步电动机多段速运行

启动时闭合 I0.0（SB1），输入继电器 I0.0 驱动，使 I0.0 动合触点闭合，辅助继电器 M0.0 得电（各个常开触点闭合），5 s 后变频器输出频率为 10 Hz，依次过 5 s 变频器输出频率分别为 15 Hz、25 Hz、20 Hz、30 Hz、35 Hz、40 Hz，随后以 40 Hz 保持运行。

停止时断开 I0.1（SB2），输入继电器 I0.1 驱动，使 I0.1 的常闭触点断开，辅助触点 M0.0 失电，各个触点复位。

3．注意事项

（1）对三相异步电动机实现多段速运行是通过变频器的数字输入端和 PLC 程序共同控制完成的，不是变频器的单一功能。

（2）在进行编写程序时，弄清何时使对应的数字输入端子得电或者失电。

4．思考与讨论

（1）为什么 P0701～P0703 要设置成 17？

（2）试使用其他的编程方法对本程序进行编写。

5．考核与评价标准

参照表 3.7 进行考核与评价，考核时间为 2 小时。

任务 3.3.5　变频器控制两台三相异步电动机运行

3.3.5.1　任务描述

使用变频器实现控制两台三相异步电动机运行。

3.3.5.2　任务实施内容

1．实施器材

实施器材如表 3.10 所示。

表 3.10　实施设备与器材

工具	验电笔、螺钉旋具、尖嘴钳、剥线钳、电工刀等常用工具			
仪表	VC980 数字万用表			
	序号	名　　称	型号/规格	数量
设备或器材	1	S7-200 CPU	CPU224 XP DC/DC/DC＋扩展模块 EM223	1
	2	计算机	操作系统是 Windows 2000 以上	1
	3	PC/PPI 电缆	RS-232C/PPI 或 USB/PPI	1
	4	编程软件	STEP7-Micro/WIN　V4.0	1
	5	电动机 M	Y-112M-4、4 kW、380 V、8.8 A、1 440 r/min	2
	6	组合开关 QS	HZ10-25/3，三极额定电流 25 A	1
	7	熔断器 FU1	RL1-60/25，500 V、60 A，配熔体额定电流 25 A	3
	8	变频器	MM420	1

	序号	名　　称	型号/规格	数量
设备或器材	9	交流接触器 KM1、2	CJ10-20,20 A 线圈电压 380 V	2
	10	热继电器 FR1、2	JR16-20/3,20 A,三相、发热元件 11 A(整定值 9.5 A)	2
	11	按钮 SB1、2	LA10-3H,保护式按钮 3(代用)	1
	12	端子板 XT	JX2-1015,10 A,15 节	1

2. 实施步骤

(1) I/O 分配

根据分析,对输入量和输出量进行分配如表 3.11 所示。

表 3.11　I/O 分配

输　入　量		输　出　量	
元件代号	输入点	元件代号	输出点
启动按钮 SB1	I0.0	DIN1	Q0.0
启动按钮 SB2	I0.1	DIN2	Q0.1
停止按钮 SB3	I0.2	KM1	Q2.0
		KM2	Q2.1

(2) 连接电路图

根据图 3.15 所示,连接 PLC 与变频器的电路图。

(3) 设置变频器参数

① 参照任务 3.3.1 的内容,完成变频器的快速调试。

② 将 P0003(参数访问级)设定为 3,P0700 设定为 1,P1000 设定为 3。

③ P0701～P0702 均设定为 1,实现两台电机的正转设定。

④ P1040 设定为 20 Hz,设定两台电机的运行速度。

(4) 设计梯形图程序

用梯形图编辑器来输入程序,图 3.16 给出了变频器控制两台三相异步电动机运行的参考梯形图。

(5) 使用变频器实现对三相异步电动机多段速运行

启动时闭合 I0.0(SB1),输入继电器 I0.0 驱动,使 I0.0 动合触点闭合,辅助继电器 M0.0 得电(各个常开触点闭合),输出继电器 Q0.0 和 Q2.0 得电,驱动 KM1 线圈得电,驱动电动机 M1 以 20 Hz 的速度进行正转运行。

启动时闭合 I0.1(SB2),输入继电器 I0.1 驱动,使 I0.1 动合触点闭合,辅助继电器 M0.1 得电(各个常开触点闭合),输出继电器 Q0.1 和 Q2.1 得电,驱动 KM2 线圈得电,驱动电动机 M2 以 20 Hz 的速度进行正转运行。

停止时断开 I0.2(SB3),输入继电器 I0.2 驱动,使 I0.2 的常闭触点断开,辅助触点 M0.0 和 M0.1 失电,KM1、KM2 线圈失电,各个触点复位,电动机 M1、M2 停止运行。

3. 注意事项

① 注意考虑变频器一拖二运行状态时对变频器的影响。

② 在进行程序编写时,弄清何时使对应的数字输入端子得电或者失电。

4. 思考与讨论

① 如果要求另一台电动机实现反转,该如何修改参数?

② 试使用其他的编程方法对本程序进行编写。

5. 考核与评价标准

参照表 3.7 进行考核与评价,考核时间为 3 小时。

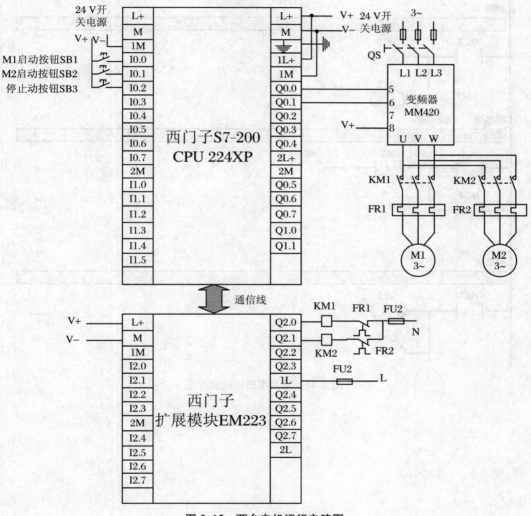

图 3.15　两台电机运行电路图

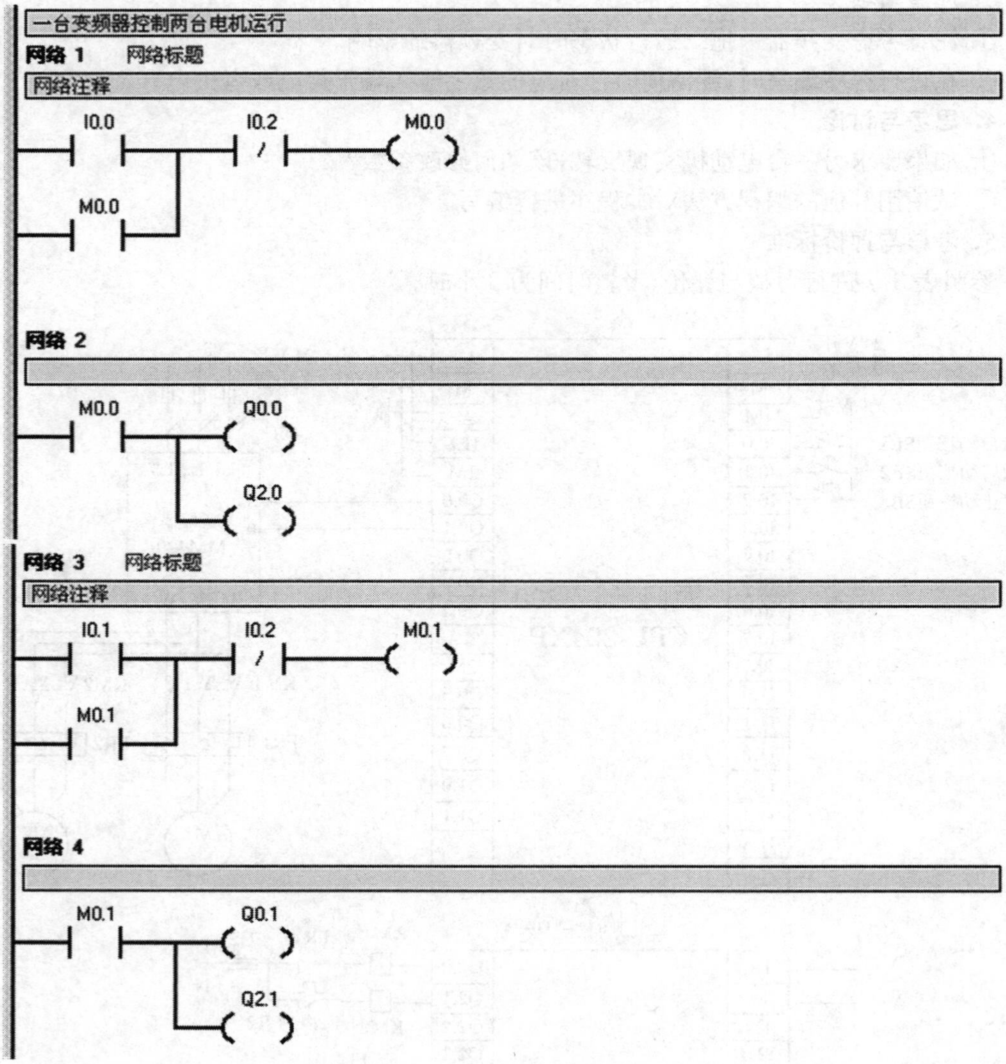

一台变频器控制两台电机运行

网络 1　　网络标题

网络注释

```
   I0.0           I0.2          M0.0
 ──┤ ├──┬──────┤ / ├──────────( )──
        │
   M0.0 │
 ──┤ ├──┘
```

网络 2

```
   M0.0          Q0.0
 ──┤ ├──┬───────( )──
        │
        │        Q2.0
        └───────( )──
```

网络 3　　网络标题

网络注释

```
   I0.1           I0.2          M0.1
 ──┤ ├──┬──────┤ / ├──────────( )──
        │
   M0.1 │
 ──┤ ├──┘
```

网络 4

```
   M0.1          Q0.1
 ──┤ ├──┬───────( )──
        │
        │        Q2.1
        └───────( )──
```

图 3.16　两台电机运行梯形图

学习情境 4　MCGS 组态控制三相异步电动机运行

4.1　情　境　目　标

　　本情境通过 MCGS 组态软件介绍、MCGS 组态画面制作及 MCGS 组态与 PLC 的通信连接等相关知识的学习,使学生初步认识 MCGS 组态软件以及其与 PLC 的通信连接,能够正确使用 MCGS 软件制作组态监控界面,并完成通过界面设置控制对三相异步电动机的单向连续、正反转、三台电机顺序控制和双速电机变速运行控制电路的安装、接线与调试,同时可以通过 MCGS 与 PLC、变频器结合完成三相异步电动机通过 MCGS 界面设置频率的控制电路的安装、接线与调试。

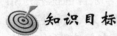 **知识目标**

　　① 认识 MCGS 组态软件;
　　② 掌握 MCGS 组态与 PLC 的通信连接;
　　③ 掌握 STEP7-Micro/WIN 编程软件的使用方法;
　　④ 熟悉 MCGS 组态画面制作。

技能目标

　　① 能熟练使用 STEP7-Micro/WIN 编程软件;
　　② 能够熟练制作 MCGS 组态画面;
　　③ 能够正确完成 MCGS 组态与 PLC 的通信连接;
　　④ 能够完成通过 MCGS 界面设置控制对三相异步电动机的单向连续、正反转、三台电机顺序控制和双速电机变速运行控制电路的安装、接线与调试。
　　⑤ 能够通过 MCGS 与 PLC、变频器结合完成三相异步电动机通过 MCGS 界面设置频率的控制电路的安装、接线与调试。

4.2 情境相关知识

知识链接 4.2.1 MCGS 组态软件介绍

MCGS 是北京昆仑通态自动化软件科技有限公司研发的一套基于 Windows 平台的,用于快速构造和生成上位机监控系统的组态软件系统,主要完成现场数据的采集与监测、前端数据的处理与控制,可运行于 Microsoft Windows 95/98/Me/NT/2000/xp 等操作系统。MCGS 组态软件包括三个版本,分别是网络版、通用版、嵌入版。本书以嵌入版为例进行介绍。

4.2.1.1 MCGS 嵌入版的主要特性和功能

MCGS 嵌入版是在 MCGS 通用版的基础上开发的,专门应用于嵌入式计算机监控系统的组态软件,MCGS 嵌入版包括组态环境和运行环境两部分,它的组态环境能够在基于 Microsoft 的各种 32 位 Windows 平台上运行,运行环境则是在实时多任务嵌入式操作系统 Windows CE 中运行。适应于应用系统对功能、可靠性、成本、体积、功耗等综合性能有严格要求的专用计算机系统。通过对现场数据的采集处理,以动画显示、报警处理、流程控制和报表输出等多种方式向用户提供解决实际工程问题的方案,在自动化领域有着广泛的应用。此外 MCGS 嵌入版还带有一个模拟运行环境,用于对组态后的工程进行模拟测试,方便用户对组态过程的调试。

1. MCGS 嵌入版组态软件的主要功能

① 简单灵活的可视化操作界面。MCGS 嵌入版采用全中文、可视化、面向窗口的开发界面,符合中国人的使用习惯和要求。以窗口为单位,构造用户运行系统的图形界面,使得 MCGS 嵌入版的组态工作既简单直观,又灵活多变。

② 实时性强、有良好的并行处理性能。MCGS 嵌入版是真正的 32 位系统,充分利用了 32 位 Windows CE 操作平台的多任务、按优先级分时操作的功能,以线程为单位对在工程作业中实时性强的关键任务和实时性不强的非关键任务进行分时并行处理,使嵌入式 PC 机广泛应用于工程测控领域成为可能。例如,MCGS 嵌入版在处理数据采集、设备驱动和异常处理等关键任务时,可在主机运行周期时间内插空进行像打印数据一类的非关键性工作,实现并行处理。

③ 丰富、生动的多媒体画面。MCGS 嵌入版以图像、图符、报表、曲线等多种形式,为操作员及时提供系统运行中的状态、品质及异常报警等相关信息;用大小变化、颜色改变、明暗闪烁、移动翻转等多种手段,增强画面的动态显示效果;对图元、图符对象定义相应的状态属性,实现动画效果。MCGS 嵌入版还为用户提供了丰富的动画构件,每个动画构件都对应一个特定的动画功能。

④ 完善的安全机制。MCGS 嵌入版提供了良好的安全机制,可以为多个不同级别用户设定不同的操作权限。此外,MCGS 嵌入版还提供了工程密码功能,以保护组态开发者的

成果。

⑤ 强大的网络功能。MCGS嵌入版具有强大的网络通信功能，支持串口通信、Modem串口通信、以太网TCP/IP通信，不仅可以方便快捷地实现远程数据传输，还可以与网络版相结合通过Web浏览功能，在整个企业范围内浏览监测到所有生产信息，实现设备管理和企业管理的集成。

⑥ 多样化的报警功能。MCGS嵌入版提供多种不同的报警方式，具有丰富的报警类型，方便用户进行报警设置，并且系统能够实时显示报警信息，对报警数据进行应答，为工业现场安全可靠地生产运行提供有力的保障。

⑦ 实时数据库为用户分步组态提供极大方便。MCGS嵌入版由主控窗口、设备窗口、用户窗口、实时数据库和运行策略五个部分构成，其中实时数据库是一个数据处理中心，是系统各个部分及其各种功能性构件的公用数据区，是整个系统的核心。各个部件独立地向实时数据库输入和输出数据，并完成自己的差错控制。在生成用户应用系统时，每一部分均可分别进行组态配置，独立建造，互不相干。

⑧ 支持多种硬件设备，实现"设备无关"。MCGS嵌入版针对外部设备的特征，设立设备工具箱，定义多种设备构件，建立系统与外部设备的连接关系，赋予相关的属性，实现对外部设备的驱动和控制。用户在设备工具箱中可方便选择各种设备构件。不同的设备对应不同的构件，所有的设备构件均通过实时数据库建立联系，而建立时又是相互独立的，即对某一构件的操作或改动，不影响其他构件和整个系统的结构，因此MCGS嵌入版是一个"设备无关"的系统，用户不必担心因外部设备的局部改动，而影响整个系统。

⑨ 方便控制复杂的运行流程。MCGS嵌入版开辟了"运行策略"窗口，用户可以选用系统提供的各种条件和功能的策略构件，用图形化的方法和简单的类Basic语言构造多分支的应用程序，按照设定的条件和顺序，操作外部设备，控制窗口的打开或关闭，与实时数据库进行数据交换，实现自由、精确地控制运行流程，同时也可以由用户创建新的策略构件，扩展系统的功能。

⑩ 良好的可维护性。MCGS嵌入版系统由五大功能模块组成，主要的功能模块以构件的形式来构造，不同的构件有着不同的功能，且各自独立。三种基本类型的构件（设备构件、动画构件、策略构件）完成了MCGS嵌入版系统的三大部分（设备驱动、动画显示和流程控制）的所有工作。

⑪ 用自建文件系统来管理数据存储，系统可靠性更高。由于MCGS嵌入版不再使用ACCESS数据库来存储数据，而是使用了自建的文件系统来管理数据存储，所以与MCGS通用版相比，MCGS嵌入版的可靠性更高，在异常掉电的情况下也不会丢失数据。

⑫ 设立对象元件库，组态工作简单方便。对象元件库，实际上是分类存储各种组态对象的图库。组态时，可把制作完好的对象（包括图形对象、窗口对象、策略对象以至位图文件等）以元件的形式存入图库中，也可把元件库中的各种对象取出，直接为当前的工程所用，随着工作的积累，对象元件库将日益扩大和丰富。这样就解决了组态结果的积累和重新利用的问题。组态工作将会变得越来越简单方便。

总之，MCGS嵌入版组态软件具有强大的功能，并且操作简单，易学易用，普通工程人员经过短时间的培训就能迅速掌握多数工程项目的设计和运行操作。同时使用MCGS嵌入版组态软件能够避开复杂的嵌入版计算机软、硬件问题，而将精力集中于解决工程问题本身，根据工程作业的需要和特点，组态配置出高性能、高可靠性和高度专业化的工业控制监控系统。

2. MCGS 嵌入版组态软件的主要特点

① 容量小：整个系统最低配置只需要极小的存贮空间，可以方便地使用 DOC 等存贮设备；

② 速度快：系统的时间控制精度高，可以方便地完成各种高速采集系统，满足实时控制系统要求；

③ 成本低：使用嵌入式计算机，大大降低设备成本；

④ 真正嵌入：运行于嵌入式实时多任务操作系统；

⑤ 稳定性高：无风扇，内置看门狗，上电重启时间短，可在各种恶劣环境下稳定长时间运行；

⑥ 功能强大：提供中断处理，定时扫描精度可达到毫秒级，提供对计算机串口、内存、端口的访问，并可以根据需要灵活组态；

⑦ 通信方便：内置串行通信功能、以太网通信功能、GPRS 通信功能、Web 浏览功能和 Modem 远程诊断功能，可以方便地实现与各种设备进行数据交换、远程采集和 Web 浏览；

⑧ 操作简便：MCGS 嵌入版采用的组态环境，继承了 MCGS 通用版与网络版简单易学的优点，组态操作既简单直观，又灵活多变；

⑨ 支持多种设备：提供了所有常用的硬件设备的驱动；

⑩ 有助于建造完整的解决方案：MCGS 嵌入版组态环境运行具备良好人机界面。

4.2.1.2　MCGS 嵌入版组态软件的体系结构

MCGS 嵌入式体系结构分为组态环境、模拟运行环境和运行环境三部分。

组态环境和模拟运行环境相当于一套完整的工具软件，可以在 PC 机上运行。用户可根据实际需要裁减其中内容。它帮助用户设计和构造自己的组态工程并进行功能测试。

运行环境则是一个独立的运行系统，它按照组态工程中用户指定的方式进行各种处理，完成用户组态设计的目标和功能。运行环境本身没有任何意义，必须与组态工程一起作为一个整体，才能构成用户应用系统。一旦组态工作完成，并且将组态好的工程通过串口或以太网下载到下位机的运行环境中，组态工程就可以离开组态环境而独立运行在下位机上。从而实现了控制系统的可靠性、实时性、确定性和安全性。

由 MCGS 嵌入版生成的用户应用系统，其结构由主控窗口、设备窗口、用户窗口、实时数据库和运行策略五个部分构成，如图 4.1 所示。

窗口是屏幕中的一块空间，是一个"容器"，直接提供给用户使用。在窗口内，用户可以放置不同的构件，创建图形对象并调整画面的布局，组态配置不同的参数以完成不同的功能。

在 MCGS 嵌入版中，每个应用系统只能有一个主控窗口和一个设备窗口，但可以有多个用户窗口和多个运行策略，实时数据库中也可以有多个数据对象。MCGS 嵌入版用主控窗口、设备窗口和用户窗口来构成一个应用系统的人机交互图形界面，组态配置各种不同类型和功能的对象或构件，同时可以对实时数据进行可视化处理。

1. 实时数据库是 MCGS 嵌入版系统的核心

实时数据库相当于一个数据处理中心，同时也起到公用数据交换区的作用。MCGS 嵌入版使用自建文件系统中的实时数据库来管理所有实时数据。从外部设备采集来的实时数据送入实时数据库,系统其他部分操作的数据也来自于实时数据库。实时数据库自动完成对实时数据的报警处理和存盘处理,同时它还根据需要把有关信息以事件的方式发送给系统的其他部分,以便触发相关事件,进行实时处理。因此,实时数据库所存储的单元,不单单是变量的数值,还包括变量的特征参数(属性)及对该变量的操作方法(报警属性、报警处理和存盘处理等)。这种将数值、属性、方法封装在一起的数据我们称为数据对象。实时数据库采用面向对象的技术,为其他部分提供服务,提供了系统各个功能部件的数据共享。

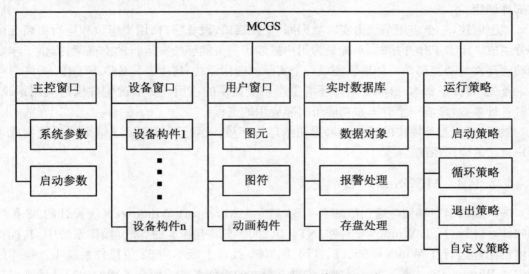

图 4.1　MCGS 嵌入版生成的用户应用系统

2. 主控窗口构造了应用系统的主框架

主控窗口确定了工业控制中工程作业的总体轮廓,以及运行流程、特性参数和启动特性等项内容,是应用系统的主框架。

3. 设备窗口是 MCGS 嵌入版系统与外部设备联系的媒介

设备窗口专门用来放置不同类型和功能的设备构件,实现对外部设备的操作和控制。设备窗口通过设备构件把外部设备的数据采集进来,送入实时数据库,或把实时数据库中的数据输出到外部设备。一个应用系统只有一个设备窗口,运行时,系统自动打开设备窗口,管理和调度所有设备构件正常工作,并在后台独立运行。注意,对用户来说,设备窗口在运行时是不可见的。

4. 用户窗口实现了数据和流程的"可视化"

用户窗口中可以放置三种不同类型的图形对象:图元、图符和动画构件。图元和图符对象为用户提供了一套完善的设计制作图形画面和定义动画的方法。动画构件对应于不同的动画功能,它们是从工程实践经验中总结出的常用的动画显示与操作模块,用户可以直接使用。通过在用户窗口内放置不同的图形对象,搭制多个用户窗口,用户可以构造各种复杂的图形界面,用不同的方式实现数据和流程的"可视化"。

组态工程中的用户窗口,最多可定义 512 个。所有的用户窗口均位于主控窗口内,其打开时窗口可见;关闭时窗口不可见。

5. 运行策略是对系统运行流程实现有效控制的手段

运行策略本身是系统提供的一个框架,其里面放置有策略条件构件和策略构件组成的

"策略行",通过对运行策略的定义,使系统能够按照设定的顺序和条件操作实时数据库、控制用户窗口的打开、关闭并确定设备构件的工作状态等,从而实现对外部设备工作过程的精确控制。

一个应用系统有三个固定的运行策略:启动策略、循环策略和退出策略,同时允许用户创建或定义最多 512 个用户策略。启动策略在应用系统开始运行时调用,退出策略在应用系统退出运行时调用,循环策略由系统在运行过程中定时循环调用,用户策略供系统中的其他部件调用。

综上所述,一个应用系统由实时数据库、主控窗口、设备窗口、用户窗口和运行策略五个部分组成。组态工作开始时,系统只为用户搭建了一个能够独立运行的空框架,提供了丰富的动画部件与功能部件。如果要完成一个实际的应用系统,应主要完成以下工作:

首先,要像搭积木一样,在组态环境中用系统提供的或用户扩展的构件构造应用系统,配置各种参数,形成一个有丰富功能可实际应用的工程。

然后,把组态环境中的组态结果提交给运行环境。运行环境和组态结果一起就构成了用户自己的应用系统。

4.2.1.3　MCGS 嵌入版的安装

嵌入版的组态环境与通用版基本一致,是专为 Microsoft Windows 系统设计的 32 位应用软件,可以运行于 Windows95、98、NT4.0、2000 或以上版本的 32 位操作系统中,其模拟环境也同样运行在 Windows95、98、NT4.0、2000 或以上版本的 32 位操作系统中。推荐使用中文 Windows95、98、NT4.0、2000 或以上版本的操作系统。而嵌入版的运行环境则需要运行在 Windows CE 嵌入式实时多任务操作系统中。安装 MCGS 嵌入版组态软件之前,必须安装好 Windows95、98、NT4.0 或 2000。

1. 上位机的安装

MCGS 嵌入版只有一张安装光盘,具体安装步骤如下:

① 启动 Windows。

② 在相应的驱动器中插入光盘。

③ 插入光盘后会自动弹出 MCGS 组态软件安装界面(如没有窗口弹出,则从Windows的"开始"菜单中,选择"运行"命令,运行光盘中的 Autorun.exe 文件),如图 4.2 所示。

图 4.2　MCGS 组态软件安装界面

④ 选择"安装 MCGS 组态软件嵌入版",启动安装程序开始安装。随后,是一个欢迎界面,如图 4.3 所示。

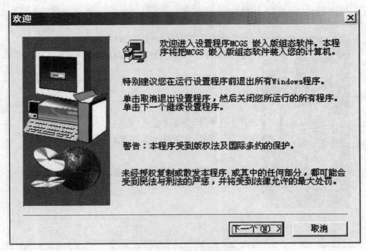

图 4.3　欢迎界面

⑤ 单击"下一个",安装程序将提示你指定安装的目录,如果用户没有指定,系统缺省安装到 D:\MCGSE 目录下,建议使用缺省安装目录,如图 4.4 所示。

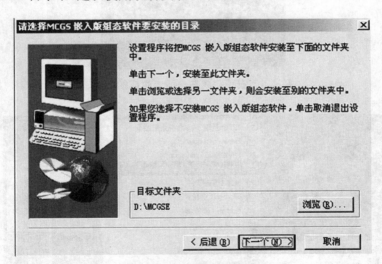

图 4.4　指定安装目录界面

⑥ 安装过程将持续数分钟。安装过程完成后,系统将弹出"安装完成"对话框,上面有两种选择,重新启动计算机和稍后重新启动计算机,建议重新启动计算机后再运行组态软件。按下"结束"按钮,将结束安装,如图 4.5 所示。

⑦ 安装完成后,Windows 操作系统的桌面上添加了如图 4.6 所示的两个图标,分别用于启动 MCGS 嵌入版组态环境和模拟运行环境。

同时,Windows 在开始菜单中也添加了相应的 MCGS 嵌入版组态软件程序组,此程序组包括五项内容:MCGSE 电子文档、MCGSE 模拟环境、MCGSE 自述文件、MCGSE 组态环境以及卸载 MCGS 嵌入版。MCGSE 电子文档包含了有关 MCGS 嵌入版最新的帮助信息;

MCGSE 模拟环境,是嵌入版的模拟运行环境;MCGSE 自述文件描述了软件发行时的最后信息;MCGSE 组态环境是嵌入版的组态环境。如图 4.7 所示。

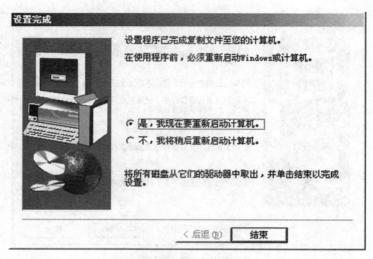

图 4.5　安装完成界面

图 4.6　安装完成在桌面上生成的图标

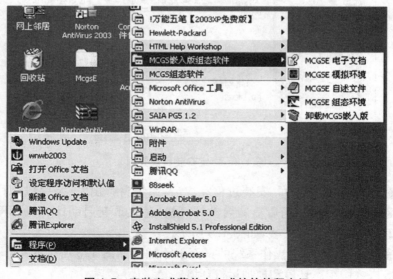

图 4.7　安装完成菜单中生成的软件程序组

　　⑧ 在系统安装完成以后,在用户指定的目录(或者是默认目录 D:\MCGSE)下,存在三个子文件夹:Program、Samples、Work。Program 子文件夹中,可以看到以下两个应用程序

McgsSetE. exe、CEEMU. exe 以及 MCGSCE. X86、MCGSCE. ARMV4。McgsSetE. exe 是运行嵌入版组态环境的应用程序；CEEMU. exe 是运行模拟运行环境的应用程序；MCGSCE. X86 和 MCGSCE. ARMV4 是嵌入版运行环境的执行程序，分别对应 X86 类型的 CPU 和 ARM 类型的 CPU，通过组态环境中的下载对话框的高级功能下载到下位机中运行，是下位机中实际运行环境的应用程序。样例工程在 Samples 中，用户自己组态的工程将缺省保存在 Work 中。

2. 下位机的安装

安装有 Windows CE 操作系统的下位机在出厂时已经配置了 MCGS 嵌入版的运行环境，即下位机的 HardDisk\MCGSBIN\McgsCE. exe。

① 启动上位机上的 MCGSE 组态环境，在组态环境下选择工具菜单中的"下载配置"，将弹出下载配置对话框，连接好下位机，如图 4.8 所示。

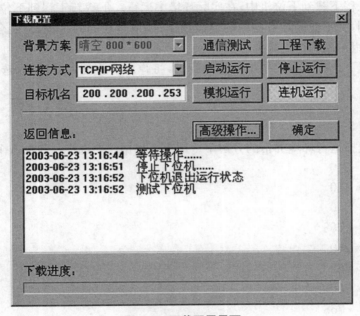

图 4.8　下载配置界面

② 连接方式选择 TCP/IP 网络，并在目标机名框内写上下位机的 IP 地址，选择"高级操作"，弹出高级操作设置页，如图 4.9 所示。

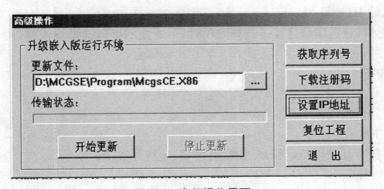

图 4.9　高级操作界面

③ 在"更新文件"框中输入嵌入版运行环境的文件(组态环境会自动判断下位机 CPU 的类型,并自动选择 MCGSCE.X86 或 MCGSCE.ARMV4)所在路径,然后单击"开始更新"按钮,完成更新下位机的运行环境,然后再重新启动下位机即可。

4.2.1.4　MCGS 嵌入版的运行

MCGS 嵌入版组态软件包括组态环境、运行环境、模拟运行环境三部分。文件 McgsSetE.exe 对应于组态环境,文件 McgsCE.exe 对应于运行环境,文件 CEEMU.exe 对应于模拟运行环境。其中,组态环境和模拟运行环境安装在上位机中;运行环境安装在下位机中。组态环境是用户组态工程的平台;模拟运行环境可以在 PC 机上模拟工程的运行情况,用户可以不必连接下位机,对工程进行检查;运行环境是下位机真正的运行环境。

组态好一个工程后,可以在上位机的模拟运行环境中试运行,以检查是否符合组态要求。也可以将工程下载到下位机中,在实际环境中运行。下载新工程到下位机时,如果新工程与旧工程不同,将不会删除磁盘中的存盘数据;如果是相同的工程,但同名组对象结构不同,则会删除改组对象的存盘数据。

在组态环境下选择工具菜单中的下载配置,将弹出下载配置对话框,选择好背景方案,如图 4.8 所示。

1. 设置域

(1) 背景方案

用于设置模拟运行环境屏幕的分辨率。用户可根据需要选择。包含八个选项:

标准　　320 * 240

标准　　640 * 480

标准　　800 * 600

标准　　1024 * 768

晴空　　320 * 240

晴空　　640 * 480

晴空　　800 * 600

晴空　　1024 * 768

(2) 连接方式

用于设置上位机与下位机的连接方式。包括两个选项:

① TCP/IP 网络:通过 TCP/IP 网络连接。选择此项时,下方显示目标机名输入框,用于指定下位机的 IP 地址。

② 串口通信:通过串口连接。选择此项时,下方显示串口选择输入框,用于指定与下位机连接的串口号。

2. 功能按钮

(1) 通信测试

用于测试通信情况。

(2) 工程下载

用于将工程下载到模拟运行环境或下位机的运行环境中。

(3) 启动运行

启动嵌入式系统中的工程运行。

（4）停止运行

停止嵌入式系统中的工程运行。

（5）模拟运行

工程在模拟运行环境下运行。

（6）连机运行

工程在实际的下位机中运行。

（7）高级操作

点击"高级操作"按钮弹出如图 4.9 所示对话框。

① 获取序列号：获取 TPC 的运行序列号，每一台 TPC 都有一个唯一的序列号，以及一个标名运行环境可用点数的注册码文件；

② 下载注册码：将已存在的注册码文件下载到下位机中；

③ 设置 IP 地址：用于设置下位机 IP 地址；

④ 复位工程：用于将工程恢复到下载时状态；

⑤ 退出：退出高级操作。

3．操作步骤

① 打开下载配置窗口，选择"模拟运行"。

② 点击"通信测试"，测试通信是否正常。如果通信成功，在返回信息框中将提示"通信测试正常"。同时弹出模拟运行环境窗口，此窗口打开后，将以最小化形式，在任务栏中显示。如果通信失败将在返回信息框中提示"通信测试失败"。

③ 点击"工程下载"，将工程下载到模拟运行环境中。如果工程正常下载，将提示："工程下载成功！"。

④ 点击"启动运行"，模拟运行环境启动，模拟环境最大化显示，即可看到工程正在运行。如图 4.10 所示。

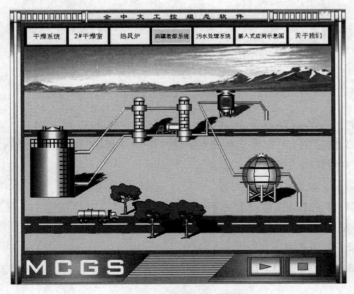

图 4.10　模拟运行界面

⑤ 点击下载配置中的"停止运行"按钮，或者模拟运行环境窗口中的停止按钮 ▭ ，工程停止运行；点击模拟运行环境窗口中的关闭按钮 ✕ ，窗口关闭。

知识链接 4.2.2　MCGS 组态画面制作

4.2.2.1　工程简介

本知识点通过介绍一个水位控制系统的组态过程，详细讲解如何应用 MCGS 嵌入版组态软件完成一个工程。本样例工程中涉及动画制作、控制流程的编写、模拟设备的连接、报警输出等多项组态操作。

1. 工程效果图

工程最终效果图如图 4.11 所示。

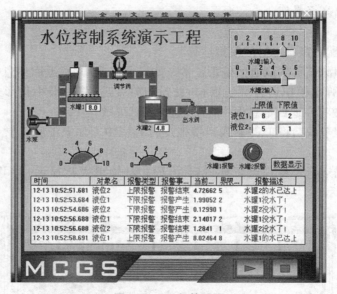

图 4.11　工程效果图

2. 工程分析

在开始组态工程之前，先对该工程进行剖析，以便从整体上把握工程的结构、流程、需实现的功能及如何实现这些功能。

（1）工程框架

2 个用户窗口：水位控制、数据显示；

3 个策略：启动策略、退出策略、循环策略。

（2）数据对象

水泵、调节阀、出水阀、液位 1、液位 2、液位 1 上限、液位 1 下限、液位 2 上限、液位 2 下限、液位组。

（3）图形制作

水位控制窗口。

水泵、调节阀、出水阀、水罐、报警指示灯:由对象元件库引入;

管道:通过流动块构件实现;

水罐水量控制:通过滑动输入器实现;

水量的显示:通过旋转仪表、标签构件实现;

报警实时显示:通过报警显示构件实现;

动态修改报警限值:通过输入框构件实现。

(4) 流程控制

通过循环策略中的脚本程序策略块实现。

(5) 安全机制

通过用户权限管理、工程安全管理、脚本程序实现。

4.2.2.2　创建工程

可以按如下步骤建立样例工程:

① 鼠标单击文件菜单中"新建工程"选项,如果 MCGS 嵌入版安装在 D 盘根目录下,则会在 D:\MCGSE\WORK\下自动生成新建工程,默认的工程名为:"新建工程 X.MCE"(X 表示新建工程的顺序号,如:0、1、2 等)。

② 选择文件菜单中的"工程另存为"菜单项,弹出文件保存窗口。

③ 在文件名一栏内输入"水位控制系统",点击"保存"按钮,工程创建完毕。

4.2.2.3　制作工程画面

1. 建立画面

① 在"用户窗口"中单击"新建窗口"按钮,建立"窗口 0"。

② 选中"窗口 0",单击"窗口属性",进入"用户窗口属性设置"。

③ 将窗口名称改为:水位控制;窗口标题改为:水位控制;其他不变,单击"确认"。

④ 在"用户窗口"中,选中"水位控制",点击右键,选择下拉菜单中的"设置为启动窗口"选项,将该窗口设置为运行时自动加载的窗口。如图 4.12 所示。

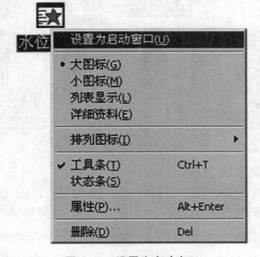

图 4.12　设置为启动窗口

2．编辑画面

选中"水位控制"窗口图标,单击"动画组态",进入动画组态窗口,开始编辑画面。

（1）制作文字框图

① 单击工具条中的"工具箱" ⚒ 按钮,打开绘图工具箱。

② 选择"工具箱"内的"标签"按钮 **A**,鼠标的光标呈"十字"形,在窗口顶端中心位置拖拽鼠标,根据需要拉出一个一定大小的矩形。

③ 在光标闪烁位置输入文字"水位控制系统演示工程",按回车键或在窗口任意位置用鼠标点击一下,文字输入完毕。

④ 选中文字框,作如下设置：

点击工具条上的 ▦ (填充色)按钮,设定文字框的背景颜色为：没有填充；

点击工具条上的 ▨ (线色)按钮,设置文字框的边线颜色为：没有边线；

点击工具条上的 **A**ᵃ (字符字体)按钮,设置文字字体为：宋体,字形为：粗体,大小为：26；

点击工具条上的 ▦A (字符颜色)按钮,将文字颜色设为：蓝色。

（2）制作水箱

① 单击绘图工具箱中的 🖳 (插入元件)图标,弹出对象元件管理对话框,如图 4.13 所示。

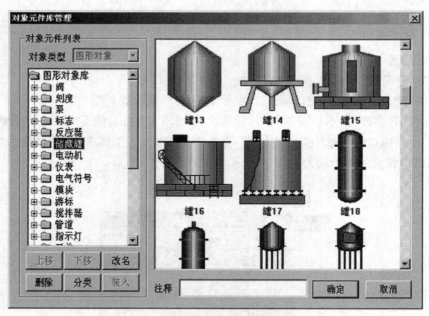

图 4.13　对象元件管理对话框

② 从"储藏罐"类中选取罐 17、罐 53。

③ 从"阀"和"泵"类中分别选取 2 个阀（阀 58、阀 44）、1 个泵（泵 38）。

④ 将储藏罐、阀、泵调整为适当大小,放到适当位置,参照效果图。

⑤ 选中工具箱内的流动块动画构件图标 **▐▬**,鼠标的光标呈"十字"形,移动鼠标至窗口的预定位置,点击一下鼠标左键,移动鼠标,在鼠标光标后形成一道虚线,拖动一定距离后,

点击鼠标左键,生成一段流动块。再拖动鼠标(可沿原来方向,也可垂直原来方向),生成下一段流动块。

⑥ 当用户想结束绘制时,双击鼠标左键即可。

⑦ 当用户想修改流动块时,选中流动块(流动块周围出现选中标志:白色小方块),鼠标指针指向小方块,按住左键不放,拖动鼠标,即可调整流动块的形状。

⑧ 使用工具箱中的 **A** 图标,分别对阀、罐进行文字注释。依次为:水泵、水罐 1、调节阀、水罐 2、出水阀。文字注释的设置同"编辑画面"中的"制作文字框图"。

⑨ 选择"文件"菜单中的"保存窗口"选项,保存画面。

(3) 整体画面

最后生成的画面如图 4.14 所示。

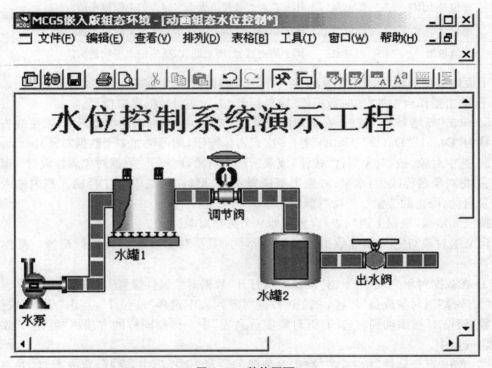

图 4.14　整体画面

4.2.2.4　定义数据对象

数据对象是构成实时数据库的基本单元,建立实时数据库的过程也就是定义数据对象的过程。定义数据对象的内容主要包括:

① 指定数据变量的名称、类型、初始值和数值范围;

② 确定与数据变量存盘相关的参数,如存盘的周期、存盘的时间范围和保存期限等。

在开始定义之前,我们先对所有数据对象进行分析。在本样例工程中需要用到表 4.1 所示数据对象。

表 4.1　本样例工程中用到数据对象

对象名称	类　型	注　　释
水泵	开关型	控制水泵"启动""停止"的变量
调节阀	开关型	控制调节阀"打开""关闭"的变量
出水阀	开关型	控制出水阀"打开""关闭"的变量
液位 1	数值型	水罐 1 的水位高度,用来控制 1♯水罐水位的变化
液位 2	数值型	水罐 2 的水位高度,用来控制 2♯水罐水位的变化
液位 1 上限	数值型	用来在运行环境下设定水罐 1 的上限报警值
液位 1 下限	数值型	用来在运行环境下设定水罐 1 的下限报警值
液位 2 上限	数值型	用来在运行环境下设定水罐 2 的上限报警值
液位 2 下限	数值型	用来在运行环境下设定水罐 2 的下限报警值
液位组	组对象	用于历史数据、历史曲线、报表输出等功能构件

下面以数据对象"水泵"为例,介绍一下定义数据对象的步骤:

① 单击工作台中的"实时数据库"窗口标签,进入实时数据库窗口页。

② 单击"新增对象"按钮,在窗口的数据对象列表中,增加新的数据对象,系统缺省定义的名称为"Data1""Data2""Data3"等(多次点击该按钮,则可增加多个数据对象)。

③ 选中对象,按"对象属性"按钮,或双击选中对象,则打开"数据对象属性设置"窗口。

④ 将对象名称改为:水泵;对象类型选择:开关型;在对象内容注释输入框内输入:"控制水泵启动、停止的变量",单击"确认"。

按照此步骤,根据上面列表,设置其他 9 个数据对象。

定义组对象与定义其他数据对象略有不同,需要对组对象成员进行选择。具体步骤如下:

① 在数据对象列表中,双击"液位组",打开"数据对象属性设置"窗口。

② 选择"组对象成员"标签,在左边数据对象列表中选择"液位 1",点击"增加"按钮,数据对象"液位 1"被添加到右边的"组对象成员列表"中。按照同样的方法将"液位 2"添加到组对象成员中。

③ 单击"存盘属性"标签,在"数据对象值的存盘"选择框中,选择:定时存盘,并将存盘周期设为:5 秒。

④ 单击"确认",组对象设置完毕。

4.2.2.5　动画连接

由图形对象搭制而成的图形画面是静止不动的,需要对这些图形对象进行动画设计,真实地描述外界对象的状态变化,达到过程实时监控的目的。MCGS 嵌入版实现图形动画设计的主要方法是将用户窗口中图形对象与实时数据库中的数据对象建立相关性连接,并设置相应的动画属性。在系统运行过程中,图形对象的外观和状态特征,由数据对象的实时采集值驱动,从而实现了图形的动画效果。

本样例中需要制作动画效果的部分包括:水箱中水位的升降;水泵、阀门的启停;水流效果。

1. 水位升降效果

水位升降效果是通过设置数据对象"大小变化"连接类型实现的。具体设置步骤如下：

① 在用户窗口中，双击水罐 1，弹出单元属性设置窗口。

② 单击"动画连接"标签，显示图 4.15 所示窗口。

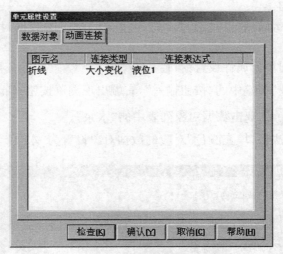

图 4.15　单元属性设置窗口

③ 选中折线，在右端出现 >。

④ 单击 > 进入动画组态属性设置窗口。按照下面的要求设置各个参数。

表达式：液位 1；

最大变化百分比对应的表达式的值：10；

其他参数不变，如图 4.16 所示。

图 4.16　动画组态属性设置

⑤ 单击"确认"，水罐 1 水位升降效果制作完毕。

⑥ 水罐 2 水位升降效果的制作同理。单击 > 进入动画组态属性设置窗口后，按照下

面的值进行参数设置。

表达式:液位2;

最大变化百分比对应的表达式的值:6;

其他参数不变。

2.水泵、阀门的启停

水泵、阀门的启停动画效果是通过设置连接类型对应的数据对象实现的。设置步骤如下:

① 双击水泵,弹出单元属性设置窗口。

② 选中"数据对象"标签中的"按钮输入",右端出现浏览按钮 **?** 。

③ 单击浏览按钮 **?** ,双击数据对象列表中的"水泵"。

④ 使用同样的方法将"填充颜色"对应的数据对象设置为"水泵"。如图4.17所示。

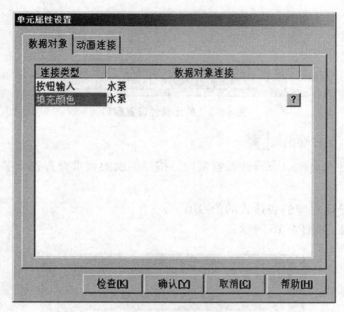

图4.17　单元属性设置窗口

⑤ 单击"确认",水泵的启停效果设置完毕。

调节阀的启停效果同理。只需在数据对象标签页中,将"按钮输入""填充颜色"的数据对象均设置为:调节阀。

出水阀的启停效果,需在数据对象标签页中,将"按钮输入""可见度"的数据对象均设置为:出水阀。

3.水流效果

水流效果是通过设置流动块构件的属性实现的。实现步骤如下:

① 双击水泵右侧的流动块,弹出流动块构件属性设置窗口。

② 在流动属性页中,进行如下设置。表达式:水泵＝1;选择当表达式非零时,流块开始流动。

水罐1右侧流动块及水罐2右侧流动块的制作方法与此相同,只需将表达式相应改为:调节阀＝1,出水阀＝1即可。

4．水罐水位运动设置

（1）利用滑动输入器控制水位

以水罐 1 的水位控制为例：

① 进入"水位控制"窗口。

② 选中"工具箱"中的滑动输入器 ![icon] 图标，当鼠标呈"十"后，拖动鼠标到适当大小。

③ 调整滑动块到适当的位置。

④ 双击滑动输入器构件，进入属性设置窗口。按照下面的值设置各个参数。"基本属性"页中，滑块指向：指向左（上）；"刻度与标注属性"页中，"主划线数目"：5，即能被 10 整除；"操作属性"页中，对应数据对象名称：液位 1；滑块在最右（下）边时对应的值：10；其他不变。

⑤ 在制作好的滑块下面适当的位置，制作一文字标签（制作方法参见"4.2.2.3 制作工程画面中编辑画面"一节），按下面的要求进行设置。输入文字：水罐 1；输入文字颜色：黑色；框图填充颜色：没有填充；框图边线颜色：没有边线。

⑥ 按照上述方法设置水罐 2 水位控制滑块，参数设置如下。"基本属性"页中，滑块指向：指向左（上）；"操作属性"页中，对应数据对象名称：液位 2；滑块在最右（下）边时对应的值：6；其他不变。

⑦ 将水罐 2 水位控制滑块对应的文字标签设置如下。输入文字：水罐 2；输入文字颜色：黑色；框图填充颜色：没有填充；框图边线颜色：没有边线。

⑧ 点击工具箱中的常用图符按钮 ![icon]，打开常用图符工具箱。

⑨ 选择其中的凹槽平面按钮 ![icon]，拖动鼠标绘制一个凹槽平面，恰好将两个滑动块及标签全部覆盖。

⑩ 选中该平面，点击编辑条中"置于最后面"按钮，最终效果如图 4.18 所示，此时按"F5"，进行下载配置，工程下载完后，进入模拟运行环境，此时可以通过拉动滑动输入器而使水罐中的液面动起来。

（2）利用旋转仪表控制水位

在工业现场一般都会大量地使用仪表进行数据显示。MCGS 嵌入版组态软件适应这一要求提供了旋转仪表构件。用户可以利用此构件在动画界面中模拟现场的仪表运行状态。具体制作步骤如下：

① 选取"工具箱"中的"旋转仪表" ![icon] 图标，调整大小放在水罐 1 下面适当位置。

② 双击该构件进行属性设置。各参数设置如下。"刻度与标注属性"页中，主划线数

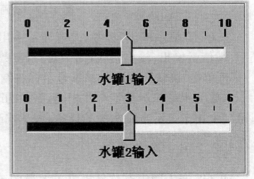

图 4.18　利用滑动输入器控制水罐 1、2 水位效果图

目：5；"操作属性"页中，表达式：液位 1；最大逆时针角度：90，对应的值：0；最大顺时针角度：90，对应的值：10；其他不变。

③ 按照此方法设置水罐 2 数据显示对应的旋转仪表。参数设置如下。"操作属性"页中，表达式：液位 2；最大逆时针角度：90，对应的值：0；最大顺时针角度：90，对应的值：6；其他不变。进入运行环境后，可以通过拉动旋转仪表的指针使整个画面动起来。

（3）水量显示

为了能够准确地了解水罐1、水罐2的水量，我们可以通过设置 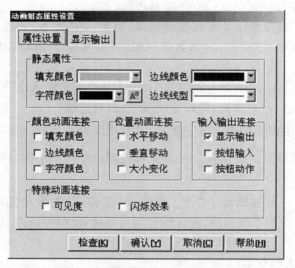 标签的"显示输出"属性显示其值，具体操作如下：

① 单击"工具箱"中的"标签" A 图标，绘制两个标签，调整大小位置，将其并列放在水罐1下面。第一个标签用于标注，显示文字为：水罐1；第二个标签用于显示水罐水量。

② 双击第一个标签进行属性设置，参数设置如下。输入文字：水罐1；文字颜色：黑色；框图填充颜色：没有填充；框图边线颜色：没有边线。

③ 双击第二个标签，进入动画组态属性设置窗口。将填充颜色设置为：白色；边线颜色设置为：黑色。

④ 在输入输出连接域中，选中"显示输出"选项，在组态属性设置窗口中则会出现"显示输出"标签，如图4.19所示。

图 4.19　动画组态属性设置窗口

⑤ 单击"显示输出"标签，设置显示输出属性。参数设置如下。表达式：液位1；输出值类型：数值量输出；输出格式：向中对齐；整数位数：0；小数位数：1。

⑥ 单击"确认"，水罐1水量显示标签制作完毕。

水罐2水量显示标签与此相同，需做的改动：第一个用于标注的标签，显示文字为：水罐2；第二个用于显示水罐水量的标签，表达式改为：液位2。

4.2.2.6　设备连接

MCGS嵌入版组态软件提供了大量的工控领域常用的设备驱动程序。在本样例中，我们仅以模拟设备为例，简单地介绍一下关于MCGS嵌入版组态软件的设备连接。

模拟设备是供用户调试工程的虚拟的设备。该构件可以产生标准的正弦波、方波、三角波、锯齿波信号，其幅值和周期都可以任意设置。通过模拟设备的连接，可以使动画不需要手动操作，自动运行起来。

通常情况下，在启动MCGS嵌入版组态软件时，模拟设备都会自动装载到设备工具箱中。如果未被装载，可按照以下步骤将其选入：

① 在"设备窗口"中双击"设备窗口"图标进入。

② 点击工具条中的"工具箱"图标，打开"设备工具箱"。

③ 单击"设备工具箱"中的"设备管理"按钮，弹出图 4.20 所示窗口。

图 4.20　设备管理对话框

④ 在可选设备列表中，双击"通用设备"。

⑤ 双击"模拟数据设备"，在下方出现模拟设备图标。

⑥ 双击模拟设备图标，即可将"模拟设备"添加到右侧选定设备列表中。

⑦ 选中选定设备列表中的"模拟设备"，单击"确认"，"模拟设备"即被添加到"设备工具箱"中。

下面详细介绍模拟设备的添加及属性设置：

① 双击"设备工具箱"中的"模拟设备"，模拟设备被添加到设备组态窗口中。如图 4.21 所示。

图 4.21　添加模拟设备

② 双击"设备 0 - [模拟设备]"，进入模拟设备属性设置窗口，如图 4.22 所示。

③ 点击基本属性页中的"内部属性"选项，该项右侧会出现 ... 图标，单击此按钮进入"内部属性"设置。将通道 1、2 的最大值分别设置为：10、6。

④ 单击"确认"，完成"内部属性"设置。

⑤ 点击通道连接标签，进入通道连接设置。选中通道 0 对应数据对象输入框，输入"液

位 1"；选中通道 1 对应数据对象输入框，输入"液位 2"。如图 4.23 所示。

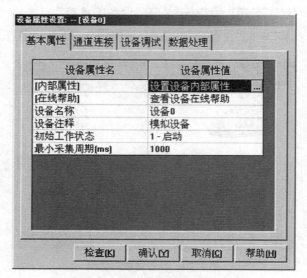

图 4.22　设置模拟设备属性

图 4.23　模拟设备通道连接

⑥ 进入"设备调试"属性页，即可看到通道值中数据在变化。

⑦ 按"确认"按钮，完成设备属性设置。

4.2.2.7　编写控制流程

　　用户脚本程序是由用户编制的、用来完成特定操作和处理的程序，脚本程序的编程语法非常类似于普通的 Basic 语言。对于大多数简单的应用系统，MCGS 嵌入版的简单组态就可完成。只有比较复杂的系统，才需要使用脚本程序，但正确地编写脚本程序，可简化组态过程,大大提高工作效率,优化控制过程。

1．控制流程分析

当"水罐 1"的液位达到 9 米时,就要把"水泵"关闭,否则就要自动启动"水泵";

当"水罐 2"的液位不足 1 米时,就要自动关闭"出水阀",否则自动开启"出水阀";

当"水罐 1"的液位大于 1 米,同时"水罐 2"的液位小于 6 米时,就要自动开启"调节阀",否则自动关闭"调节阀"。

2．具体操作步骤

① 在"运行策略"中,双击"循环策略"进入策略组态窗口。

② 双击 ▣🔳 图标进入"策略属性设置",将循环时间设为:200 ms,按"确认"。

③ 在策略组态窗口中,单击工具条中的"新增策略行"🔳 图标,增加一策略行,如图 4.24 所示。

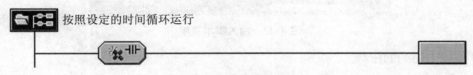

按照设定的时间循环运行

图 4.24　新增策略行

如果策略组态窗口中,没有策略工具箱,请单击工具条中的"工具箱"⚒ 图标,弹出"策略工具箱",如图 4.25 所示。

图 4.25　策略工具箱

④ 单击"策略工具箱"中的"脚本程序",将鼠标指针移到策略块图标 ▭ 上,单击鼠标左键,添加脚本程序构件,如图 4.26 所示。

按照设定的时间循环运行

脚本程序

图 4.26　添加脚本程序

⑤ 双击 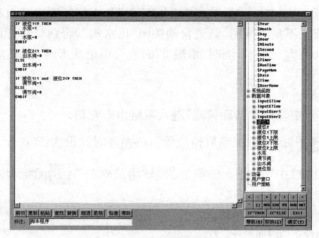 进入脚本程序编辑环境,输入下面的程序,如图 4.27 所示。

图 4.27　输入脚本程序

IF 液位 1<9 THEN

　水泵 = 1

ELSE

　水泵 = 0

ENDIF

IF 液位 2<1 THEN

　出水阀 = 0

ELSE

　出水阀 = 1

ENDIF

IF 液位 1>1 and　液位 2<9 THEN

　调节阀 = 1

ELSE

　调节阀 = 0

ENDIF

⑥ 单击"确认",脚本程序编写完毕。

4.2.2.8　报警显示

MCGS 嵌入版把报警处理作为数据对象的属性,封装在数据对象内,由实时数据库来自动处理。当数据对象的值或状态发生改变时,实时数据库判断对应的数据对象是否发生了报警或已产生的报警是否已经结束,并把所产生的报警信息通知给系统的其他部分。

1. 定义报警

本样例中需设置报警的数据对象包括:液位 1 和液位 2。

定义报警的具体操作如下:

① 进入实时数据库,双击数据对象"液位 1"。

② 选中"报警属性"标签。

③ 选中"允许进行报警处理",报警设置域被激活。

④ 选中报警设置域中的"下限报警",报警值设为:2;报警注释输入:"水罐 1 没水了!"

⑤ 选中"上限报警",报警值设为:9;报警注释输入:"水罐 1 的水已达上限值!"然后,在"存盘属性"中选中"自动保存产生的报警信息"。

⑥ 按"确认"按钮,"液位 1"报警设置完毕。

⑦ 同理设置"液位 2"的报警属性。需要改动的设置如下:

下限报警——报警值设为:1.5;报警注释输入:"水罐 2 没水了!"

上限报警——报警值设为:4;报警注释输入:"水罐 2 的水已达上限值!"

2. 制作报警显示画面

实时数据库只负责关于报警的判断、通知和存储三项工作,而报警产生后所要进行的其他处理操作(即对报警动作的响应),则需要在组态时实现。

具体操作如下:

① 双击"用户窗口"中的"水位控制"窗口,进入组态画面。选取"工具箱"中的"报警显示" 构件。鼠标指针呈"十"后,在适当的位置,拖动鼠标至适当大小。如图 4.28 所示。

时间	对象名	报警类型	报警事件	当前值	界限值	报警描述
09-13 14:43:15.688	Data0	上限报警	报警产生	120.0	100.0	Data0 上限报警
09-13 14:43:15.688	Data0	上限报警	报警结束	120.0	100.0	Data0 上限报警
09-13 14:43:15.688	Data0	上限报警	报警应答	120.0	100.0	Data0 上限报警

图 4.28　报警显示界面

② 选中该图形,双击,再双击弹出报警显示构件属性设置窗口,如图 4.29 所示。

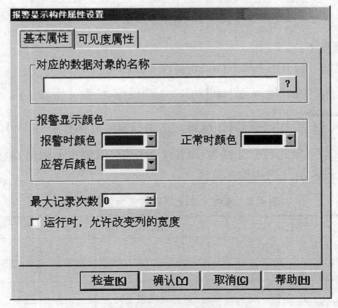

图 4.29　报警显示构件属性设置窗口

③ 在基本属性页中,将对应的数据对象的名称设为:液位组;最大记录次数设为:6。单击"确认"即可。

3．修改报警限值

在"实时数据库"中,对"液位1""液位2"的上下限报警值都是已定义好的。如果用户想在运行环境下根据实际情况需要随时改变报警上下限值,又如何实现呢? 在 MCGS 组态软件中,为您提供了大量的函数,可以根据需要灵活地运用。

操作步骤包括以下几个部分:设置数据对象;制作交互界面;编写控制流程。

（1）设置数据对象

在"实时数据库"中,增加四个变量,分别为:液位1上限、液位1下限、液位2上限、液位2下限,参数设置如下。

基本属性页中:

对象名称分别为:液位1上限、液位1下限、液位2上限、液位2下限;

对象内容注释分别为:水罐1的上限报警值、水罐1的下限报警值、水罐2的上限报警值、水罐2的下限报警值。

（2）制作交互界面

下面通过对四个输入框设置,实现用户与数据库的交互。

需要用到的构件包括,4个标签:用于标注;4个输入框:用于输入修改值。最终效果如图 4.30 所示。

图 4.30　制作交互界面

具体制作步骤如下:

① 在"水位控制"窗口中,按照图 4.30 制作 4 个标签。

② 选中"工具箱"中的"输入框" **abl** 构件,拖动鼠标,绘制 4 个输入框。

③ 双击 **输入框** 图标,进行属性设置。这里只需设置操作属性即可。4 个输入框具体设置如下。对应数据对象的名称分别为:液位1上限值、液位1下限值、液位2上限值、液位2下限值;最小值、最大值分别如表 4.2 所示。

表 4.2　液位 1、2 上下限的最大值、最小值

项目名称	最小值	最大值
液位1上限值	5	10
液位1下限值	0	5
液位2上限值	4	6
液位2下限值	0	2

④ 参照4.2.2.5动画连接一节中绘制凹槽平面的方法,制作一平面区域,将4个输入框及标签包围起来。

(3) 编写控制流程

进入"运行策略"窗口,双击"循环策略",双击 ![icon] 进入脚本程序编辑环境,在脚本程序中增加以下语句:

! SetAlmValue(液位1,液位1上限,3)

! SetAlmValue(液位1,液位1下限,2)

! SetAlmValue(液位2,液位2上限,3)

! SetAlmValue(液位2,液位2下限,2)

如果对函数! SetAlmValue(液位1,液位1上限,3)不太了解,可按 F1 查看"在线帮助"。在弹出的"MCGS 帮助系统"的"索引"中输入"! SetAlmValue",即可获得详细的解释。

4. 报警提示按钮

当有报警产生时,可以用指示灯提示。具体操作如下:

① 在"水位控制"窗口中,单击"工具箱"中的"插入元件" ![icon] 图标,进入"对象元件库管理"。

② 从"指示灯"类中选取报警灯1、指示灯3,如图: ![icon] 、 ![icon] 。

③ 调整大小放在适当位置。

![icon] 作为"液位1"的报警指示; ![icon] 作为"液位2"的报警指示。

④ 双击 ![icon] ,进入动画连接设置,方法同4.2.2.5动画连接一节中,水位升降效果制作。

⑤ 单击 ![icon] ,进入动画组态属性设置窗口。选择"可见度"并作如下设置。表达式:液位1>=液位1上限 or 液位1<=液位1下限;当表达式非零时,对应图符可见。

⑥ 按照上面的步骤设置 ![icon] ,作如下设置。表达式:液位2>=液位2上限 or 液位2<=液位2下限;当表达式非零时,对应图符可见。

按 F5 进入运行环境,整体效果如图 4.31 所示。

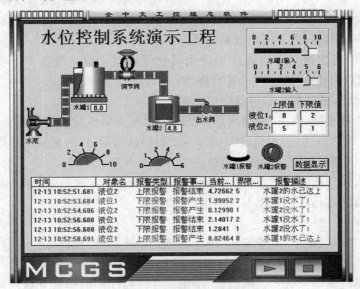

图 4.31　加上报警显示后的界面

4.2.2.9 安全机制

1. MCGS 嵌入版安全机制

工业过程控制中,应该尽量避免由于现场人为的误操作所引发的故障或事故,而某些误操作所带来的后果有可能是致命性的。为了防止这类事故的发生,MCGS 嵌入版组态软件提供了一套完善的安全机制,严格限制各类操作的权限,使不具备操作资格的人员无法进行操作,从而避免了现场操作的任意性和无序状态,防止因误操作干扰系统的正常运行,甚至导致系统瘫痪,造成不必要的损失。

MCGS 嵌入版组态软件的安全管理机制和 Windows NT 类似,引入用户组和用户的概念来进行权限的控制。在 MCGS 嵌入版中可以定义无限多个用户组;每个用户组中可以包含无限多个用户;同一个用户可以隶属于多个用户组。

2. 如何建立安全机制

MCGS 嵌入版建立安全机制的要点是:严格规定操作权限,不同类别的操作由不同权限的人员负责,只有获得相应操作权限的人员,才能进行某些功能的操作。

以样例工程为例,本系统的安全机制要求:只有负责人才能进行用户和用户组管理;只有负责人才能进行"打开工程""退出系统"的操作;只有负责人才能进行水罐水量的控制;普通操作人员只能进行基本按钮的操作。

根据上述要求,我们对样例工程的安全机制进行以下分析。

用户组及用户。用户组:管理员组、操作员组;用户:负责人、张工;负责人隶属于管理员组;张工隶属于操作员组;管理员组成员可以进行所有操作;操作员组成员只能进行按钮操作。

需要设置权限的部分包括:系统运行权限;水罐水量控制滑动块。

样例工程安全机制的建立步骤:

(1)定义用户和用户组

① 选择工具菜单中的"用户权限管理",打开用户管理器。缺省定义的用户、用户组为:负责人、管理员组。

② 点击用户组列表,进入用户组编辑状态。

③ 点击"新增用户组"按钮,弹出用户组属性设置对话框。进行如下设置。用户组名称:操作员组;用户组描述:成员仅能进行操作。

④ 单击"确认",回到用户管理器窗口。

⑤ 点击用户列表域,点击"新增用户"按钮,弹出用户属性设置对话框。参数设置如下。用户名称:张工;用户描述:操作员;用户密码:123;确认密码:123;隶属用户组:操作员组。

⑥ 单击"确认",回到用户管理器窗口。

⑦ 再次进入用户组编辑状态,双击"操作员组",在用户组成员中选择"张工"。

⑧ 点击"确认",再点击"退出",退出用户管理器。

(2)系统权限管理

① 进入主控窗口,选中"主控窗口"图标,点击"系统属性"按钮,进入主控窗口属性设置对话框。

② 在基本属性页中,点击"权限设置"按钮。在许可用户组拥有此权限列表中,选择"操作员组",确认,返回主控窗口属性设置对话框。

③ 在下方的选择框中选择"进入登录,退出不登录",点击"确认",系统权限设置完毕。

(3) 操作权限管理

① 进入水位控制窗口,双击水罐 1 对应的滑动输入器,进入滑动输入器构件属性设置对话框。

② 点击下部的"权限"按钮,进入用户权限设置对话框。

③ 选中"操作员组",确认,退出。

④ 按 F5 运行工程,弹出用户登录框,如图 4.32 所示。用户名框选择"张工",密码"123",确认,工程开始运行。水罐 2 对应的滑动输入器设置同上。

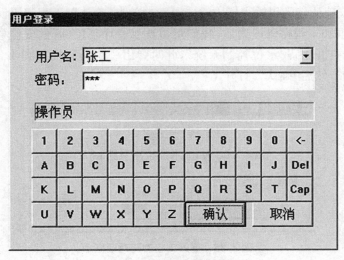

图 4.32 用户登录框

3. 保护工程文件

为了保护工程开发人员的劳动成果和利益,MCGS 嵌入版组态软件提供了工程运行"安全性"保护措施。包括:工程密码设置。

具体操作步骤:

① 回到 MCGSE 工作台,选择工具菜单"工程安全管理"中的"工程密码设置"选项,如图 4.33 所示。

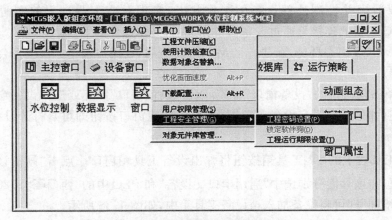

图 4.33 工具菜单中的工程密码设置

这时将弹出修改工程密码对话框,如图 4.34 所示。

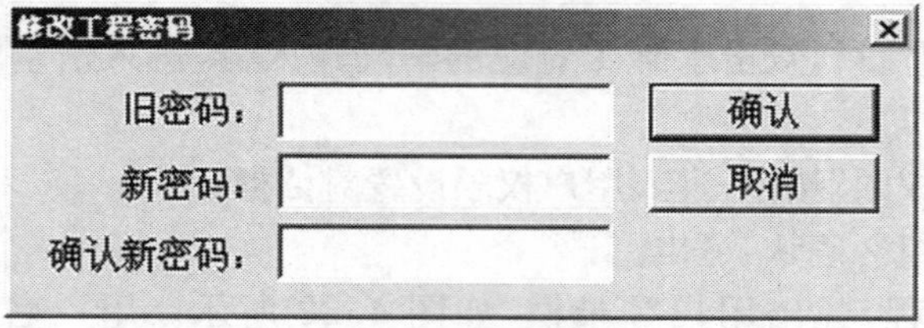

图 4.34　修改工程密码对话框

② 在新密码、确认新密码输入框内输入:123。单击"确认",工程密码设置完毕。

完成用户权限和工程密码设置后,我们可以测试一下 MCGS 的安全管理,首先我们关闭当前工程,重新打开工程"水位控制系统",此时弹出一个对话框如图 4.35 所示。在这里输入工程密码:123,然后"确认",打开工程。

图 4.35　输入工程密码对话框

至此,整个样例工程制作完毕。

知识链接 4.2.3　MCGS 组态与 PLC 的通信连接

4.2.3.1　MCGS 与 PLC 设备的连接

在 MCGS 系统中,由设备窗口负责建立系统与外部硬件设备的连接,使得 MCGS 能从外部设备读取数据并控制外部设备的工作状态,实现对应工业过程的实时监控。因此 MCGS 与 PLC 设备的连接是通过设备窗口完成的,具体操作如下:

① 打开 MCGS 组态环境,新建一个 MCGS 工程后,在用户编辑窗口中将会出现图 4.36 的工作台窗口。

② 鼠标单击窗口中的"设备窗口"标签,双击"设备窗口"图标或选中设备窗口图标单击设备组态按钮(如果此时没有设备窗口图标,单击新建窗口按钮即可),打开设备组态窗口,如图 4.37 所示。

③ 单击工具栏上的 ✖ 工具箱按钮将弹出设备工具箱窗口。点击"设备管理",弹出设备管理对话框,在该界面分别选中"通用串口父设备"和 PLC 中的"西门子_S7200PPI",然后点击下方的"增加"即可将设备加入至设备工具箱中,如图 4.38 所示。

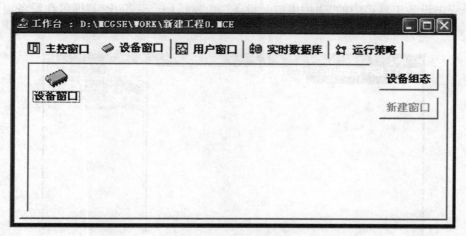

图 4.36 工作台窗口

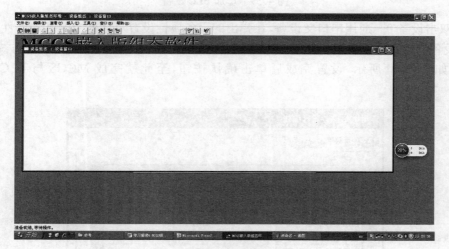

图 4.37 设备组态窗口

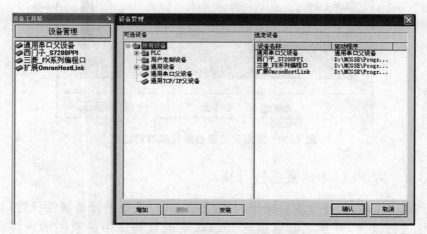

图 4.38 设备管理对话框和设备工具箱

④ 双击设备工具箱中的"通用串口父设备"和"西门子_S7200PPI"即可在设备窗口中增加设备,如图 4.39 所示。

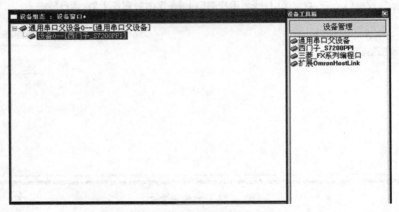

图 4.39　增加 PLC 设备

⑤ 双击设备 0—通用串口父设备,在弹出的设备属性设置对话框中的基本属性页面,根据所用设备的通信协议设置所用的通信端口、通信波特率、数据位数、奇偶校验方式和停止位位数,如图 4.40 所示,设置完成后单击确认按钮,至此就完成 MCGS 与 PLC 设备的连接。

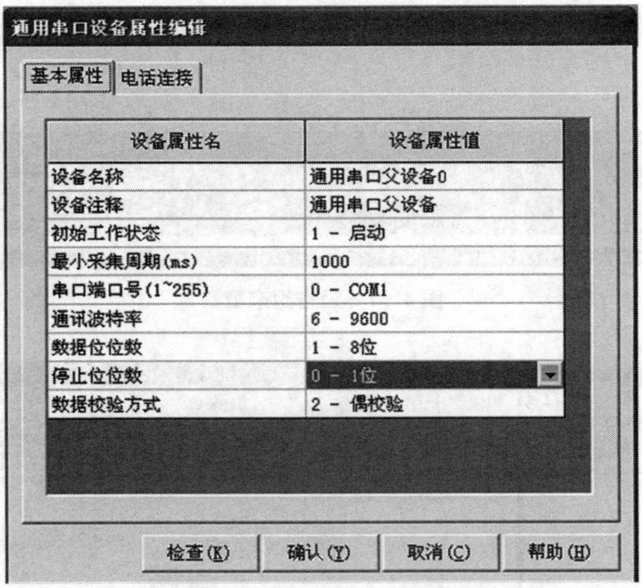

图 4.40　通用串口设备属性编辑对话框

4.2.3.2　对 PLC 中的数据进行读写

要对 PLC 中的数据进行读写操作,只需要在 PLC 设备的设备属性设置对话框中对其通道属性进行设置,并建立起通道与 MCGS 实时数据库中的数据的连接,具体操作如下:

① 双击图 4.39 中设备组态窗口中父设备下的 PLC 子设备"西门子_S7200PPI",弹出如图 4.41 所示的设备编辑窗口,点击右侧的"增加设备通道"或"删除设备通道"可以增加或删除设备通道。

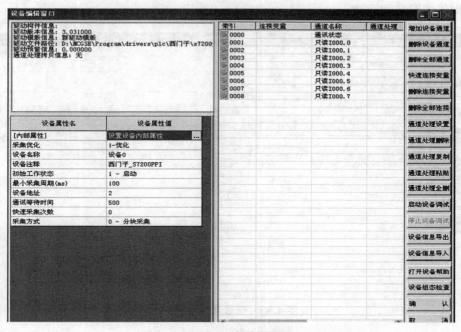

图 4.41　设备编辑窗口

② 点击"增加设备通道",弹出如图 4.42 所示的添加设备通道对话框。单击通道类型下拉列表框的下拉按钮,选择"Q 寄存器",输入通道地址及通道个数,然后选择操作方式,单击"确认"按钮回到 PLC 通道属性设备对话框。

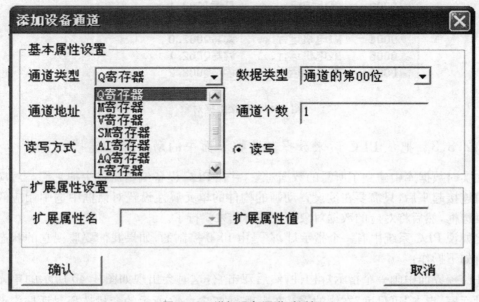

图 4.42　增加设备通道对话框

③ 此时所建立的 Q0.0 已出现在 PLC 通道设备中，双击该通道，在出现的变量选择对话框中选择该通道对应的数据对象，如图 4.43 所示，单击“确认”按钮就完成了 MCGS 中的数据对象与 PLC 内部寄存器间的连接，如图 4.44 所示，具体的数据读写将由主控窗口根据具体的操作情况自动完成。

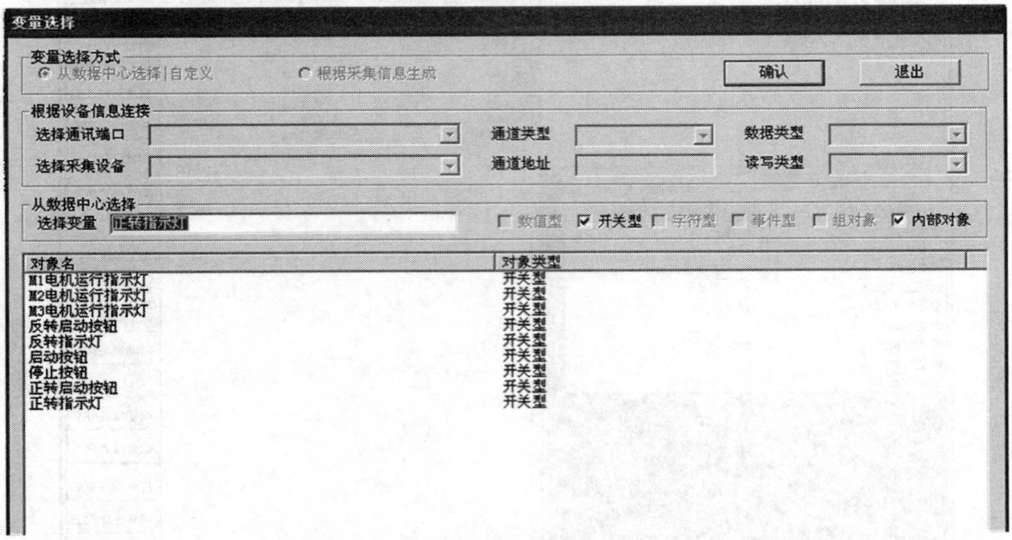

图 4.43　变量选择对话框

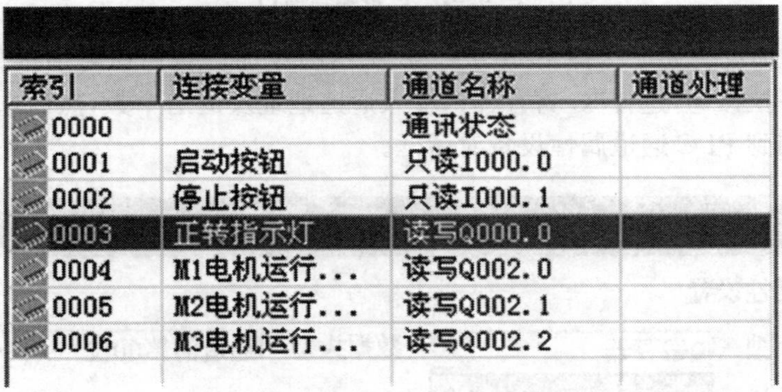

索引	连接变量	通道名称	通道处理
0000		通讯状态	
0001	启动按钮	只读I000.0	
0002	停止按钮	只读I000.1	
0003	正转指示灯	读写Q000.0	
0004	M1电机运行...	读写Q002.0	
0005	M2电机运行...	读写Q002.1	
0006	M3电机运行...	读写Q002.2	

图 4.44　连接数据对象

4.2.3.3　把从 PLC 读来数据与监控界面中的动画建立连接

在实时数据库中建立了所需的数据对象，并在 PLC 设备编辑窗口中把它们与对应的设备通道连接起来后，只需要在欲设置动画的构件的单元属性设置对话框中选中相应的动画连接复选框，然后将对应的数据对象与之连接起来就行了。

比如说 PLC 系统中有一个指示灯，它是由 I0.0 控制的，如果我们要监视它的状态就需要进行如下操作：

在监控界面中画一个指示灯构件，然后双击它，这时会出现如图 4.45 所示的单元属性设置对话框，点击“可见度”右侧的 **?** ，在出现的如图 4.43 所示的变量选择对话框中选择其对应的数据变量,单击"确认"按钮就完成了 MCGS 中的数据对象的连接。

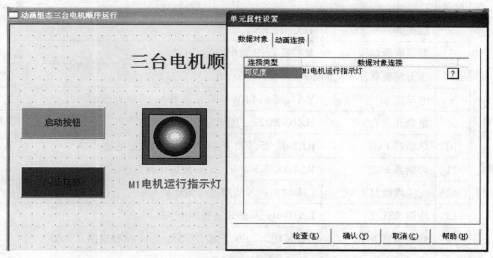

图 4.45　单元属性设置对话框

4.3　情境操作实践

任务 4.3.1　MCGS 组态控制三相异步电动机单向连续运行

4.3.1.1　任务描述

用 MCGS 组态软件控制三相异步电动机单向连续运行。

4.3.1.2　任务实施内容

1. 实施器材

实施器材如表 4.3 所示。

表 4.3　实施设备与器材

工具	验电笔、螺钉旋具、尖嘴钳、剥线钳、电工刀等常用工具			
仪表	VC980 数字万用表			
设备或器材	序号	名　　称	型号/规格	数量
	1	S7-200 CPU	CPU224 XP DC/DC/DC + 扩展模块 EM223	1
	2	计算机	操作系统是 Windows 2000 以上	1
	3	PC/PPI 电缆	RS-232C/PPI 或 USB/PPI	1
	4	PLC 编程软件	STEP7-Micro/WIN　V4.0	1

续表

序号	名　　称	型号/规格	数量
5	触摸屏	TPC7062KS	1
6	触摸屏通信线	触摸屏 USB 通信线	1
7	组态编程软件	mcgse6.8	1
8	电动机 M	Y-112M-4,4 kW、380 V、8.8 A、1 440 r/min	1
9	组合开关 QS	HZ10-25/3,三极额定电流 25 A	1
10	熔断器 FU1	RL1-60/25,500 V、60 A、配熔体额定电流 25 A	3
11	熔断器 FU2	RL1-15/2,500 V、15 A、配熔体额定电流 2 A	2
12	交流接触器 KM	CJ10-20,20A 线圈电压 380 V	1
13	按钮 SB1、2	LA10-3H,保护式按钮 3（代用）	1
14	热继电器 FR	JR16-20/3,20 A、三相、发热元件 11 A（整定值 9.5 A）	1
15	端子板 XT	JX2-1015,10 A、15 节	1

（设备或器材）

2. 实施步骤

（1）MCGS 动画编辑

① 进入 MCGS 组态环境,单击"用户窗口","新建窗口"后,在"用户窗口"中新建一个"窗口 0"。

② 选中窗口 0,点击"窗口属性"按钮,进入窗口属性设置界面,将窗口名称和窗口标题选项中的内容改为"三相异步电动机单向连续运行",按"确认"按钮确认。

③ 按"动画组态"按钮,进入画面编辑窗口,如图 4.46 所示,在此窗口中利用工具箱中的绘图工具,完成"三相异步电动机单向连续运行"显示界面设计。设置"启动按钮"和"停止按钮"的操作属性为"按 1 松 0",且连接到对应的数据对象;将电机运行指示灯连接到对应的数据对象。

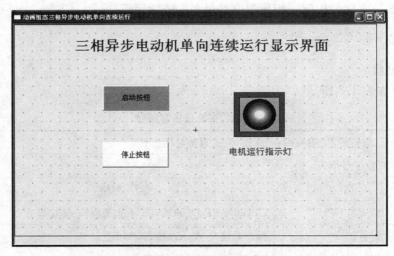

图 4.46　三相异步电动机单向连续运行显示界面

④ 参照知识链接 4.2.3 中内容建立 MCGS 组态与 PLC 的通信连接,并建立如图 4.47 所示的通道连接。连接触摸屏及 PLC 的通信线,查看通信地址。

索引	连接变量	通道名称	通道处理
0000		通信状态	
0001	指示灯	读写Q002.0	
0002	启动按钮	读写M000.0	
0003	停止按钮	读写M000.1	

图 4.47　三相异步电动机单向连续运行 PLC 数据对象连接

⑤ 连接 USB 通信线将 MCGS 画面下载至触摸屏中。

(2) PLC 梯形图程序编制

① I/O 分配:根据分析,对输入量和输出量进行分配如表 4.4 所示。

表 4.4　I/O 分配

输　入　量		输　出　量	
元件代号	输入点	元件代号	输出点
启动按钮 SB2	I0.0	接触器线圈 KM	Q2.0
停止按钮 SB1	I0.1		

② 绘制 PLC 硬件接线图:根据 I/O 分配,绘制 PLC 硬件接线图如图 4.48 所示,以保证接线正确。

③ 设计梯形图程序:用梯形图编辑器来输入程序,图 4.49 给出了电动机单向连续运行控制电路的梯形图参考程序。

(3) 调试并运行

梯形图设计完成后,将程序下载至 PLC 中,然后将 PLC 置于 RUN(运行)状态。

按下触摸屏上的启动按钮,电动机启动运行,触摸屏上的电机运行指示灯亮;按下触摸屏上的停止按钮,电动机停止运行,触摸屏上的电机运行指示灯灭。另外,本实验中按钮 SB1 和 SB2 也可以控制三相异步电动机的启动和停止,以及触摸屏上的电机运行指示灯亮与灭。

3. 注意事项

① 在编辑和下载 PLC 程序和 MCGS 界面前,首先要连接 USB 通信线和 PC/PPI 通信线,并查看 PLC 中触摸屏的地址以正确连接 PLC 上面端口 0 和端口 1。

② 本实验所使用的触摸屏和 PLC 均使用 + 24 V 直流电源供电,接线前请检查电源的接线是否正确。

4. 考核与评价标准

如表 4.5 所示。

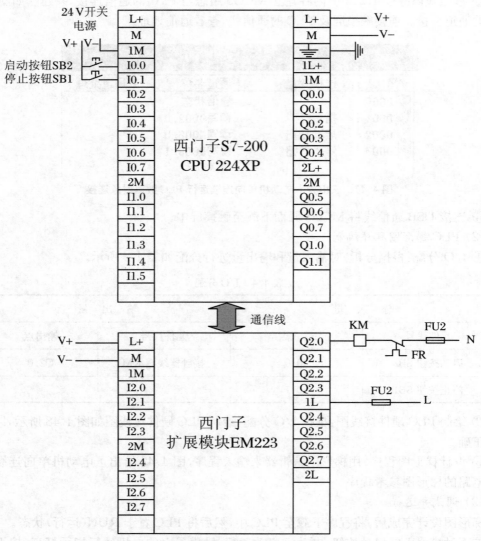

图 4.48　PLC 硬件接线图

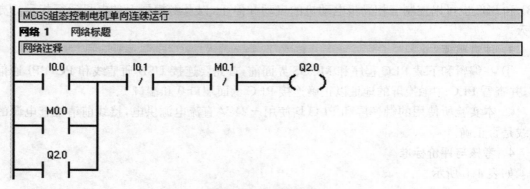

图 4.49　梯形图参考程序

表 4.5　考核与评价参考表

任务内容	配分	评分标准	扣分	自评	互评	教师评
安装与接线	30 分	(1) 元器件布置不整齐、不均匀、不合理 (2) 元件安装松动 (3) 接点松动、露铜过长、反圈 (4) 损坏元件电器 (5) 损伤导线绝缘层或线芯 (6) 不按 PLC 硬件接线图接线	每处扣 2 分 每只扣 1 分 每处扣 1 分 每只扣 5 分 每根扣 1 分 每处扣 2 分			
PLC 程序输入及调试	20 分	(1) 不会熟练使用计算机键盘输入指令 (2) 不会使用删除、插入、修改等指令	扣 2 分 每项扣 2 分			
MCGS 组态画面制作	30 分	(1) 不会熟练使用 MCGS 软件进行显示界面制作 (2) 不会熟练使用设备窗口进行 PLC 通道连接 (3) 不会进行组态界面的下载 (4) 不会手动操作触摸屏界面 (5) 第一次调试不成功 (6) 第二次调试不成功	扣 2 分 每项扣 2 分 扣 2 分 每项扣 2 分 扣 5 分 扣 10 分			
职业素养	10 分	(1) 学习主动性差,学习准备不充分 (2) 团队合作意识差 (3) 语言表达不规范 (4) 时间观念不强,工作效率低 (5) 不注重工作质量和工作成本	扣 2 分 扣 2 分 扣 2 分 扣 2 分 扣 2 分			
安全文明生产	10 分	(1) 安全意识差 (2) 劳动保护穿戴不齐 (3) 操作后不清理现场	扣 10 分 扣 10 分 扣 5 分			
定额时间	1.5 h,每超时 5 min(不足 5 min 以 5 min 计)		扣 5 分			
备注	除定额时间外,各项目的最高扣分不应超过配分数					
开始时间		结束时间	总评分			

任务 4.3.2　MCGS 组态控制三相异步电动机正反转运行

4.3.2.1　任务描述

用 MCGS 组态软件控制三相异步电动机正反转运行。

4.3.2.2　任务实施内容

1．实施器材

实施器材如表 4.6 所示。

表 4.6　实施设备与器材

工具	验电笔、螺钉旋具、尖嘴钳、剥线钳、电工刀等常用工具			
仪表	VC980 数字万用表			
设备或器材	序号	名　称	型号/规格	数量
	1	S7-200 CPU	CPU224 XP DC/DC/DC + 扩展模块 EM223	1
	2	计算机	操作系统是 Windows 2000 以上	1
	3	PC/PPI 电缆	RS-232C/PPI 或 USB/PPI	1
	4	PLC 编程软件	STEP7-Micro/WIN　V4.0	1
	5	触摸屏	TPC7062KS	1
	6	触摸屏通信线	触摸屏 USB 通信线	1
	7	组态编程软件	mcgse6.8	1
	8	电动机 M	Y-112M-4，4 kW、380 V、8.8 A、1 440 r/min	1
	9	组合开关 QS	HZ10-25/3，三极额定电流 25 A	1
	10	熔断器 FU1	RL1-60/25，500 V、60 A、配熔体额定电流 25 A	3
	11	熔断器 FU2	RL1-15/2，500 V、15 A、配熔体额定电流 2 A	2
	12	交流接触器 KM1、2	CJ10-20，20 A 线圈电压 380 V	2
	13	按钮 SB1、2、3	LA10-3H，保护式按钮 3（代用）	1
	14	热继电器 FR	JR16-20/3，20 A、三相、发热元件 11 A（整定值 9.5 A）	1
	15	端子板 XT	JX2-1015，10 A，15 节	1

2．实施步骤

（1）MCGS 动画编辑

① 进入 MCGS 组态环境，单击"用户窗口"，"新建窗口"后，在"用户窗口"中新建一个"窗口 0"。

② 选中窗口 0，点击"窗口属性"按钮，进入窗口属性设置界面，将窗口名称和窗口标题选项中的内容改为"三相异步电动机正反转运行"，按"确认"按钮确认。

③ 按"动画组态"按钮，进入画面编辑窗口，如图 4.50 所示，在此窗口中利用工具箱中的绘图工具，完成"三相异步电动机正反转运行"显示界面设计。设置"正转启动按钮""反转启动按钮"和"停止按钮"的操作属性为"按 1 松 0"，且连接到对应的数据对象；将电机正转运行指示灯和反转运行指示灯连接到对应的数据对象。

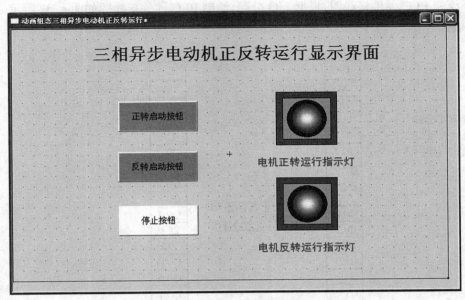

图 4.50　三相异步电动机正反转运行显示界面

④ 建立 MCGS 组态与 PLC 的通信连接,并建立如图 4.51 所示的通道连接。连接触摸屏及 PLC 的通信线,查看通信地址。

索引	连接变量	通道名称	通道处理
0000		通信状态	
0001	正转指示灯	读写Q002.0	
0002	反转指示灯	读写Q002.1	
0003	正转启动按钮	读写M000.0	
0004	反转启动按钮	读写M000.1	
0005	停止按钮	读写M000.2	

图 4.51　三相异步电动机正反转运行 PLC 数据对象连接

⑤ 连接 USB 通信线将 MCGS 画面下载至触摸屏中。

(2) PLC 梯形图程序编制

① I/O 分配:根据分析,对输入量和输出量进行分配如表 4.7 所示。

表 4.7　I/O 分配

输　入　量		输　出　量	
元件代号	输入点	元件代号	输出点
正转启动按钮 SB1	I0.0	接触器线圈 KM1	Q2.0
反转启动按钮 SB2	I0.1	接触器线圈 KM2	Q2.1
停止按钮 SB3	I0.2		

② 绘制 PLC 硬件接线图：根据 I/O 分配，绘制 PLC 硬件接线图如图 4.52 所示，以保证接线正确。

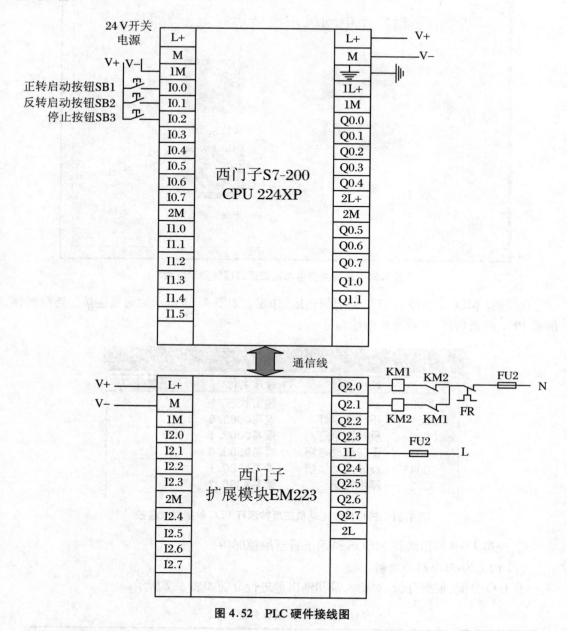

图 4.52　PLC 硬件接线图

③ 设计梯形图程序：用梯形图编辑器来输入程序，图 4.53 给出了电动机正反转运行控制电路的梯形图参考程序。

（3）调试并运行

梯形图设计完成后，将程序下载至 PLC 中，然后将 PLC 置于 RUN（运行）状态。

按下触摸屏上的正转启动按钮，电动机正转运行，触摸屏上的电机正转运行指示灯亮；按下触摸屏上的反转启动按钮，电动机正转运行指示灯灭，电动机反转运行，触摸屏上的电机反转运行指示灯亮；按下触摸屏上的停止按钮，电动机停止运行。另外，本实验中按钮

SB1、SB2和SB3也可以分别控制三相异步电动机的正转启动、反转启动和停止,同时他们也可以控制触摸屏上的电机正转和反转运行指示灯亮与灭。

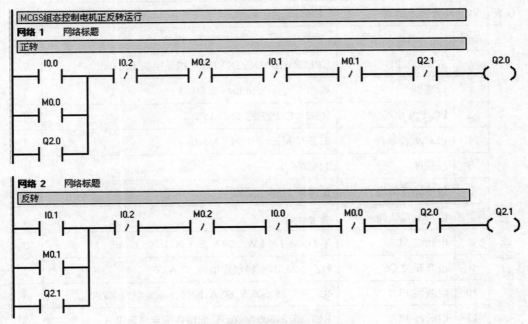

图4.53　梯形图参考程序

3. 注意事项

三相异步电动机正反转的互锁:不仅在PLC程序中要增加互锁,在电气控制线路图中也需要添加,以保证KM1和KM2线圈不能同时吸合。

4. 考核与评价标准

参考表4.5进行考核评价,考核时间为2小时。

任务4.3.3　MCGS组态控制三台电机顺序运行

4.3.3.1　任务描述

用MCGS组态软件控制三台电机顺序运行。按下启动按钮,三台电机依次启动,顺序为M1→M2→M3;按下停止按钮,三台电机依次停止,顺序为M3→M2→M1,时间间隔均是3 s。

4.3.3.2　任务实施内容

1. 实施器材

实施器材如表4.8所示。

表 4.8 实施设备与器材

	工具	验电笔、螺钉旋具、尖嘴钳、剥线钳、电工刀等常用工具		
	仪表	VC980 数字万用表		
	序号	名　　称	型号/规格	数量
设备或器材	1	S7-200 CPU	CPU224 XP DC/DC/DC＋扩展模块 EM223	1
	2	计算机	操作系统是 Windows 2000 以上	1
	3	PC/PPI 电缆	RS-232C/PPI 或 USB/PPI	1
	4	PLC 编程软件	STEP7-Micro/WIN　V4.0	1
	5	触摸屏	TPC7062KS	1
	6	触摸屏通信线	触摸屏 USB 通信线	1
	7	组态编程软件	mcgse6.8	1
	8	电动机 M	Y-112M-4,4 kW、380 V、8.8 A、1 440 r/min	3
	9	组合开关 QS	HZ10-25/3,三极额定电流 25 A	1
	10	熔断器 FU1	RL1-60/25,500 V、60 A、配熔体额定电流 25 A	3
	11	熔断器 FU2	RL1-15/2,500 V、15 A、配熔体额定电流 2 A	2
	12	交流接触器 KM1、2、3	CJ10-20,20 A 线圈电压 380 V	3
	13	按钮 SB1、2	LA10-3H,保护式按钮 3(代用)	1
	14	热继电器 FR1-3	JR16-20/3,20 A、三相、发热元件 11 A(整定值 9.5 A)	3
	15	端子板 XT	JX2-1015,10 A,15 节	1

2. 实施步骤

(1) MCGS 动画编辑

① 进入 MCGS 组态环境,单击"用户窗口","新建窗口"后,在"用户窗口"中新建一个"窗口 0"。

② 选中窗口 0,点击"窗口属性"按钮,进入窗口属性设置界面,将窗口名称和窗口标题选项中的内容改为"三台电机顺序运行显示界面",按"确认"按钮确认。

③ 按"动画组态"按钮,进入画面编辑窗口,如图 4.54 所示,在此窗口中利用工具箱中的绘图工具,完成"三台电机顺序运行"显示界面设计。设置"启动按钮"和"停止按钮"的操作属性为"按 1 松 0",且连接到对应的数据对象;将 M1、M2、M3 电机运行指示灯连接到对应的数据对象。

④ 建立 MCGS 组态与 PLC 的通信连接,并建立如图 4.55 所示的通道连接。连接触摸屏及 PLC 的通信线,查看通信地址。

⑤ 连接 USB 通信线将 MCGS 画面下载至触摸屏中。

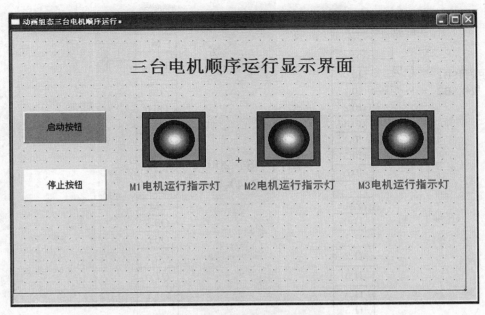

图 4.54　三台电机顺序运行显示界面

索引	连接变量	通道名称	通道
0000		通信状态	
0001	M1电机运行指示灯	读写Q002.0	
0002	M2电机运行指示灯	读写Q002.1	
0003	M3电机运行指示灯	读写Q002.2	
0004	启动按钮	读写M000.0	
0005	停止按钮	读写M000.1	

图 4.55　三台电机顺序运行 PLC 数据对象连接

（2）PLC 梯形图程序编制

① I/O 分配：根据分析，对输入量和输出量进行分配如表 4.9 所示。

表 4.9　I/O 分配

输　入　量		输　出　量	
元件代号	输入点	元件代号	输出点
启动按钮 SB1	I0.0	M1 电机	Q2.0
停止按钮 SB2	I0.1	M2 电机	Q2.1
		M3 电机	Q2.2

② 绘制 PLC 硬件接线图：根据 I/O 分配，绘制 PLC 硬件接线图如图 4.56 所示，以保证接线正确。

③ 设计梯形图程序：用梯形图编辑器来输入程序，图 4.57 给出了三台电机顺序运行控制电路的梯形图参考程序。

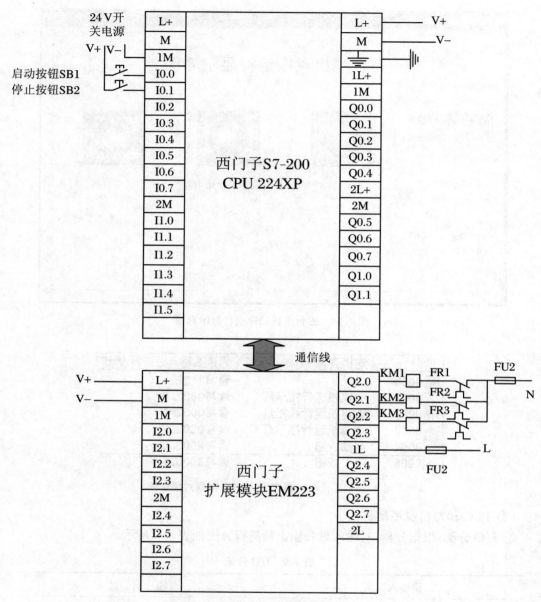

图 4.56　PLC 硬件接线图

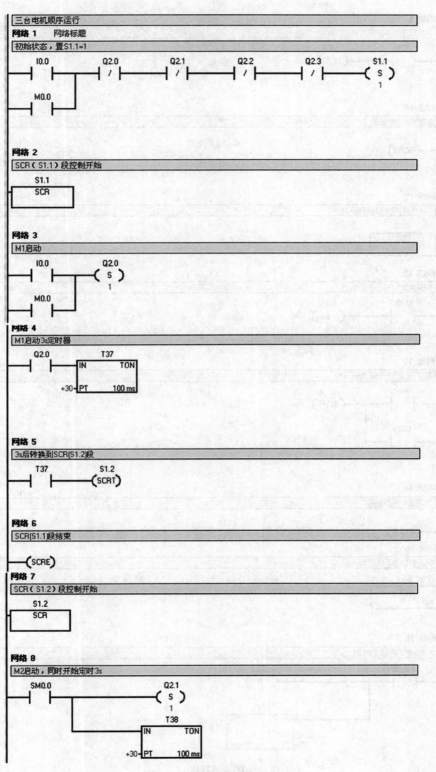

图 4.57　梯形图参考程序

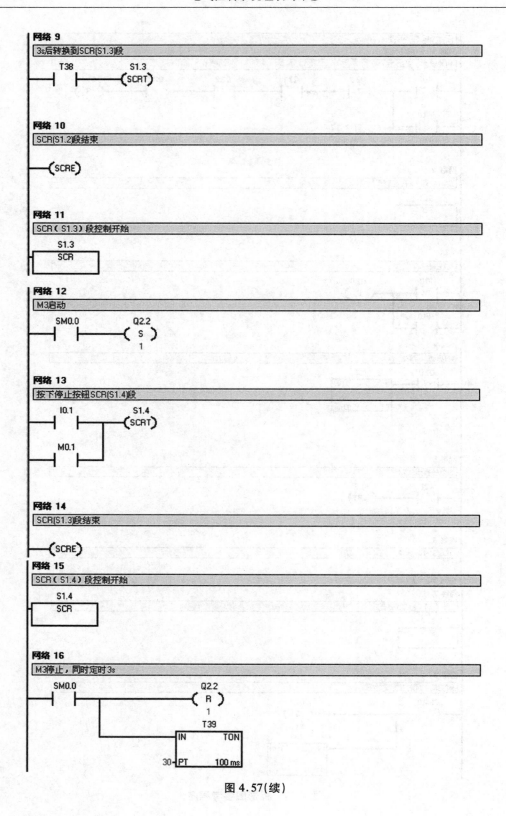

图 4.57(续)

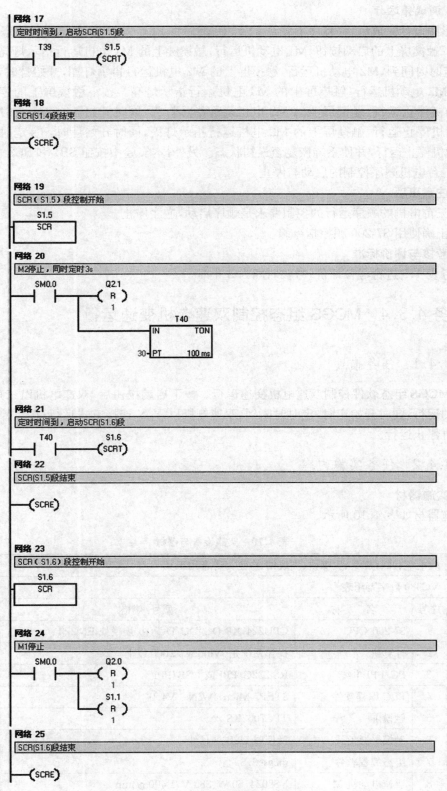

图 4.57(续)

（3）调试并运行

梯形图设计完成后，将程序下载至 PLC 中，然后将 PLC 置于 RUN（运行）状态。

按下触摸屏上的启动按钮，M1 电动机运行，触摸屏上的 M1 电机运行指示灯亮，开始计时，3 s 定时时间到，M2 电动机运行，触摸屏上的 M2 电机运行指示灯亮，开始计时，3 s 定时时间到，M3 电动机运行，触摸屏上的 M3 电机运行指示灯亮。按下触摸屏上的停止按钮，M3 电动机停止运行，触摸屏上的 M3 电机运行指示灯灭，同时开始计时，3 s 定时时间到，M2 电动机停止运行，触摸屏上的 M2 电机运行指示灯灭，同时开始计时，3 s 定时时间到，M1 电动机停止运行，并使系统恢复至最初状态。另外，本实验中按钮 SB1 和 SB2 也可以分别控制三台电机顺序控制的启动与停止。

3．注意事项

① 三台电机的顺序运行的控制要求是顺序启动，逆序停止。

② 正确使用 S7-200 顺控指令。

4．考核与评价标准

参考表 4.5 进行考核评价，考核时间为 3 小时。

任务 4.3.4　MCGS 组态控制双速电机变速运行

4.3.4.1　任务描述

用 MCGS 组态软件控制双速电机变速运行。按下启动按钮后，双速电机以三角形连接方式启动运行，同时开始定时，定时时间到，双速电机以 Y-Y 连接方式运行；按下停止按钮，双速电机停止运行。

4.3.4.2　任务实施内容

1．实施器材

实施器材如表 4.10 所示。

表 4.10　实施设备与器材

工具	验电笔、螺钉旋具、尖嘴钳、剥线钳、电工刀等常用工具			
仪表	VC980 数字万用表			
设备或器材	序号	名　　称	型号/规格	数量
	1	S7-200 CPU	CPU224 XP DC/DC/DC＋扩展模块 EM223	1
	2	计算机	操作系统是 Windows 2000 以上	1
	3	PC/PPI 电缆	RS-232C/PPI 或 USB/PPI	1
	4	PLC 编程软件	STEP7-Micro/WIN　V4.0	1
	5	触摸屏	TPC7062KS	1
	6	触摸屏通信线	触摸屏 USB 通信线	1
	7	组态编程软件	mcgse6.8	1
	8	双速电动机 M	YS5024,60 W、380 V、1 400 r/min	1

续表

	序号	名　　称	型号/规格	数量
设备或器材	9	组合开关 QS	HZ10-25/3,三极额定电流 25 A	1
	10	熔断器 FU1	RL1-60/25,500 V、60 A,配熔体额定电流 25 A	3
	11	熔断器 FU2	RL1-15/2,500 V、15 A,配熔体额定电流 2 A	2
	12	交流接触器 KM1、2、3	CJ10-20,20 A 线圈电压 380 V	3
	13	按钮 SB1、2	LA10-3H,保护式按钮 3(代用)	1
	14	热继电器 FR1、2	JR16-20/3,20 A,三相、发热元件 11 A(整定值 9.5 A)	2
	15	端子板 XT	JX2-1015,10 A,15 节	1

2. 实施步骤

(1) MCGS 动画编辑

① 进入 MCGS 组态环境,单击"用户窗口","新建窗口"后,在"用户窗口"中新建一个"窗口 0"。

② 选中窗口 0,点击"窗口属性"按钮,进入窗口属性设置界面,将窗口名称和窗口标题选项中的内容改为"双速电机变速运行显示界面",按"确认"按钮确认。

③ 按"动画组态"按钮,进入画面编辑窗口,如图 4.58 所示,在此窗口中利用工具箱中的绘图工具,完成"双速电机变速运行"显示界面设计。设置"启动按钮"和"停止按钮"的操作属性为"按 1 松 0",且连接到对应的数据对象;将电机低速运行指示灯和电机高速指示灯连接到对应的数据对象。

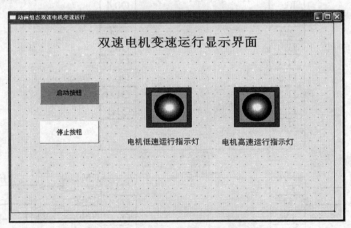

图 4.58　双速电机变速运行显示界面

④ 建立 MCGS 组态与 PLC 的通信连接,并建立如图 4.59 所示的通道连接。连接触摸屏及 PLC 的通信线,查看通信地址。

索引	连接变量	通道名称	通道处理
0000		通讯状态	
0001	电机低速运行指示灯	读写Q002.0	
0002	电机高速运行指示灯	读写Q002.1	
0003	启动按钮	读写M000.0	
0004	停止按钮	读写M000.1	

图 4.59　双速电机变速运行 PLC 数据对象连接

⑤ 连接 USB 通信线将 MCGS 画面下载至触摸屏中。

（2）PLC 梯形图程序编制

① I/O 分配：根据分析，对输入量和输出量进行分配如表 4.11 所示。

表 4.11　I/O 分配

输　入　量		输　出　量	
元件代号	输入点	元件代号	输出点
启动按钮 SB1	I0.0	KM1	Q2.0
停止按钮 SB2	I0.1	KM2	Q2.1
		KM3	Q2.2

② 绘制 PLC 硬件接线图：根据 I/O 分配，绘制 PLC 硬件接线图如图 4.60 所示，以保证接线正确。

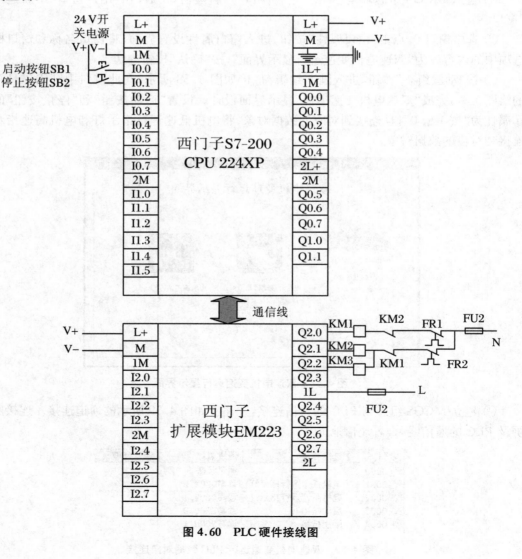

图 4.60　PLC 硬件接线图

③ 设计梯形图程序:用梯形图编辑器来输入程序,图 4.61 给出了双速电机变速运行控制电路的梯形图参考程序。

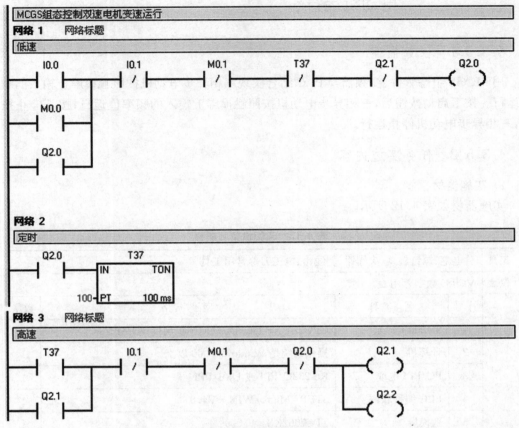

图 4.61　梯形图参考程序

(3) 调试并运行

梯形图设计完成后,将程序下载至 PLC 中,然后将 PLC 置于 RUN(运行)状态。

按下触摸屏上的启动按钮,双速电动机以三角形连接方式低速运行,触摸屏上的电机低速运行指示灯亮,开始计时,10 s 定时时间到,双速电动机以 Y-Y 连接方式高速运行,触摸屏上的电机高速运行指示灯亮。按下触摸屏上的停止按钮,双速电动机停止运行。另外,本实验中按钮 SB1 和 SB2 也可以分别控制双速电机变速运行控制的启动与停止。

3. 注意事项

双速电机变速运行时要注意互锁的使用,保证其低速和高速不能同时运行。

4. 思考与练习

假如要求双速电机在低速和高速之间切换运行,切换时间为 10 s,则其梯形图程序应如何修改?

5. 考核与评价标准

参考表 4.5 进行考核评价,考核时间为 2 小时。

任务 4.3.5　MCGS 组态、变频器与 PLC 配合控制三相异步电动机运行

4.3.5.1　任务描述

用 MCGS 组态软件、变频器与 PLC 结合实现三相异步电动机按照触摸屏上输入的频率值运行。按下启动按钮后,三相异步电动机按照触摸屏上输入的频率值运行;按下停止按钮后,三相异步电动机停止运行。

4.3.5.2　任务实施内容

1. 实施器材

实施器材如表 4.12 所示。

表 4.12　实施设备与器材

工具	验电笔、螺钉旋具、尖嘴钳、剥线钳、电工刀等常用工具			
仪表	VC980 数字万用表			
	序号	名　称	型号/规格	数量
设备或器材	1	S7-200 CPU	CPU224 XP DC/DC/DC＋扩展模块 EM223	1
	2	计算机	操作系统是 Windows 2000 以上	1
	3	PC/PPI 电缆	RS-232C/PPI 或 USB/PPI	1
	4	PLC 编程软件	STEP7-Micro/WIN　V4.0	1
	5	触摸屏	TPC7062KS	1
	6	触摸屏通信线	触摸屏 USB 通信线	1
	7	组态编程软件	mcgse6.8	1
	8	电动机 M	Y-112M-4,4 kW、380 V、8.8 A、1 440 r/min	1
	9	组合开关 QS	HZ10-25/3,三极额定电流 25 A	1
	10	熔断器 FU1	RL1-60/25,500 V、60 A,配熔体额定电流 25 A	3
	11	熔断器 FU2	RL1-15/2,500 V、15 A,配熔体额定电流 2 A	2
	12	交流接触器 KM1	CJ10-20,20 A 线圈电压 380 V	1
	13	按钮 SB1、2	LA10-3H,保护式按钮 3(代用)	1
	14	热继电器 FR1	JR16-20/3,20 A、三相、发热元件 11 A(整定值 9.5 A)	1
	15	端子板 XT	JX2-1015,10 A,15 节	1

2. 实施步骤

(1) MCGS 动画编辑

① 进入 MCGS 组态环境,单击"用户窗口","新建窗口"后,在"用户窗口"中新建一个"窗口 0"。

② 选中窗口 0,点击"窗口属性"按钮,进入窗口属性设置界面,将窗口名称和窗口标题选项中的内容改为"MCGS、变频器与 PLC 结合控制三相异步电动机运行显示界面",按"确认"按钮确认。

③ 按"动画组态"按钮,进入画面编辑窗口,如图 4.62 所示,在此窗口中利用工具箱中的绘图工具,完成"MCGS、变频器与 PLC 结合控制三相异步电动机运行"显示界面设计。设置"启动按钮"和"停止按钮"的操作属性为"按 1 松 0",且连接到对应的数据对象;将电机运行指示灯连接到对应的数据对象;将变频器频率输入连接到对应的数据对象。

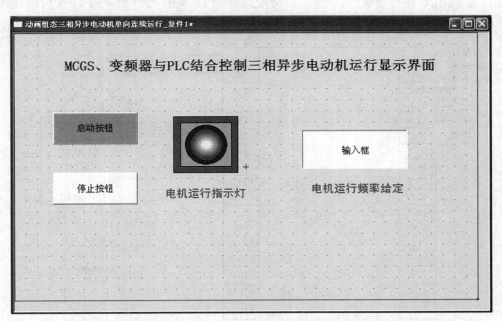

图 4.62　MCGS、变频器与 PLC 结合控制三相异步电动机运行显示界面

④ 建立 MCGS 组态与 PLC 的通信连接,并建立如图 4.63 所示的通道连接。连接触摸屏及 PLC 的通信线,查看通信地址。

索引	连接变量	通道名称	通道处理
0000		通信状态	
0001	电机运行指示灯	读写Q002.0	
0002	启动按钮	读写M000.0	
0003	停止按钮	读写M000.1	
0004	电机运行频率给定	读写VWB1000	

图 4.63　MCGS、变频器与 PLC 结合控制三相异步电动机运行 PLC 数据对象连接

⑤ 连接 USB 通信线将 MCGS 画面下载至触摸屏中。

(2) PLC 梯形图程序编制

① I/O 分配:根据分析,对输入量和输出量进行分配如表 4.13 所示。

表 4.13　I/O 分配

输 入 量		输 出 量	
元件代号	输入点	元件代号	输出点
启动按钮 SB1	I0.0	KM1	Q2.0
停止按钮 SB2	I0.1	DIN1	Q0.0

② 绘制 PLC 硬件接线图：根据 I/O 分配，绘制 PLC 硬件接线图如图 4.64 所示，以保证接线正确。

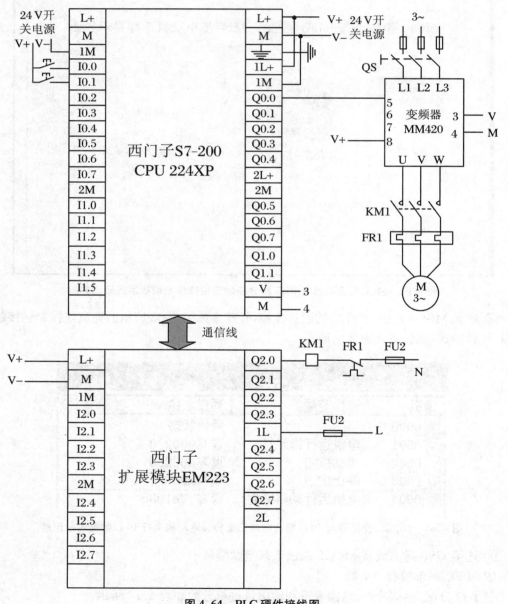

图 4.64　PLC 硬件接线图

③ 设计梯形图程序：用梯形图编辑器来输入程序，图 4.65 给出了 MCGS、变频器与 PLC 结合控制三相异步电动机运行控制电路的梯形图参考程序。

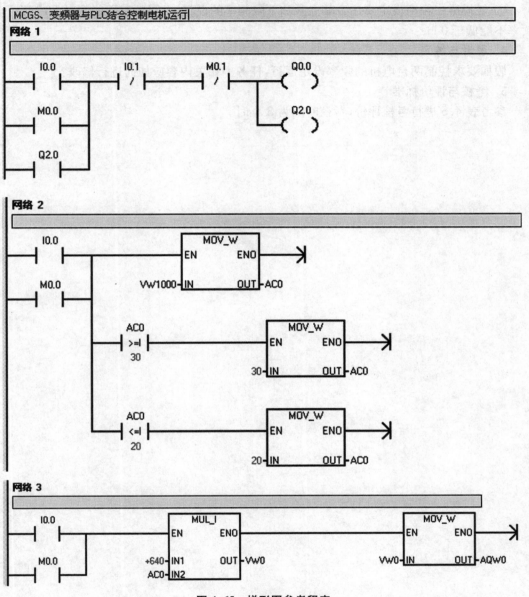

图 4.65　梯形图参考程序

（3）调试并运行

梯形图设计完成后，将程序下载至 PLC 中，然后将 PLC 置于 RUN（运行）状态。

按下触摸屏上的启动按钮，三相异步电动机按照触摸屏上给定的频率运行，触摸屏上的电机运行指示灯亮。按下触摸屏上的停止按钮，三相异步电动机停止运行。另外，本实验中按钮 SB1 和 SB2 也可以分别控制 MCGS、变频器与 PLC 结合控制三相异步电动机运行控制的启动与停止。

3．注意事项

① S7-200 的模拟量输入端子接线（V、M 端子需要连接至变频器的 3、4 端子上）。

② 触摸屏中频率设定要注意其上限和下限频率的设定，上限频率不能超过 50 Hz，下限频率不能低于 0 Hz。

4．思考与练习

假如要求控制两台电机的频率设定运行，任务中相关内容应如何进行修改？

5．考核与评价标准

参考表 4.5 进行考核评价，考核时间为 3 小时。

学习情境 5　PLC 结合控制电机控制工作台运行

5.1　情　境　目　标

本情境通过对步进电机的结构及原理、伺服电机的结构及原理、工作台的结构及控制要求以及 S7-200 PLC 的脉冲输出功能及位控编程的知识介绍，使学生初步掌握使用 S7-200 PLC 进行位置控制编程的方法，能够正确使用 PLC 结合控制电机（步进电机和伺服电机）完成对工作台运行控制电路的安装、接线与调试。

知识目标

① 认识并掌握步进电机的结构及原理；
② 认识并掌握伺服电机的结构及原理；
③ 熟悉工作台的结构及控制要求；
④ 掌握使用 S7-200 PLC 的脉冲输出功能及位控编程的方法，能够根据位置控制的要求进行正确编程。

技能目标

① 能熟练使用 STEP7-Micro/WIN 编程软件中的脉冲输出功能和位控编程；
② 能够用 PLC 结合步进电机实现对工作台的运行控制电路的安装、接线与调试；
③ 能够用 PLC 结合伺服电机实现对工作台的运行控制电路的安装、接线与调试。

5.2　情境相关知识

知识链接 5.2.1　步进电机的结构及原理

5.2.1.1　步进电机的定义及分类

1. 步进电机的定义

步进电机是将电脉冲信号转换为相应的角位移或直线位移的一种特殊执行电动机。每输入一个电脉冲信号,电机就转动一个角度,带动机械移动一小段距离,它的运动形式是步进式的,所以称为步进电动机。

2. 步进电机的分类

步进电机的分类方式很多,常见的分类方式有按产生力矩的原理、按输出力矩的大小以及按定子和转子的数量进行分类等。根据不同的分类方式,可将步进电机分为多种类型,具体分类方式如下。

（1）按产生力矩的原理来分

① 反应式:转子无绕组、定转子开小齿、步距小,由被激磁的定子绕组产生反应力矩实现步进运行。

② 激磁式:定、转子均有激磁绕组(或转子用永久磁钢),由电磁力矩实现步进运行。转子的极数等于每相定子极数,不开小齿,步距角大,力矩较大。

③ 感应子式(混合式):开小齿,混合反应式与永磁式优点为转矩大、动态性能好、步距角小。

（2）按输出力矩的大小来分

① 伺服式:输出力矩在百分之几至十分之几牛米（N·m）只能驱动较小的负载,要与液压扭矩放大器配用才能驱动机床工作台等较大的负载。

② 功率式:输出力矩在 5～50 N·m 以上,可以直接驱动机床工作台等较大的负载。

（3）按定子的数量来分

① 单定子式;

② 双定子式;

③ 三定子式;

④ 多定子式。

（4）按各相绕组分布来分

① 径向分布式:电机各相按圆周依次排列;

② 轴向分布式:电机各相按轴向依次排列。

5.2.1.2　步进电机的结构

常见步进电机的外形构造如图 5.1 所示,步进电机的内部结构如图 5.2 所示。

图 5.1　常见步进电机的外形构造

图 5.2　步进电机的内部结构

目前,我国使用的步进电机多为反应式步进电机。在反应式步进电机中,有轴向分相和径向分相两种,图 5.3 是一典型的单定子、径向分相、反应式步进电机的结构原理图。它与普通电机一样,分为定子和转子两部分,其中定子又分为定子铁芯和定子绕组。定子铁芯由电工钢片叠压而成,其形状如图 5.3 所示。定子绕组是绕置在定子铁芯 6 个均匀分布的齿上的线圈,在直径方向上相对的两个齿上的线圈串联在一起,构成一相控制绕组。图 5.3 所示的步进电机可构成三相控制绕组,故也称三相步进电机。若任一相绕组通电,便形成一组定子磁极,其方向即图中所示的 NS 极。在定子的每个磁极上,即定子铁芯上的每个齿上又开了 5 个小齿,齿槽等宽,齿间夹角为 9°,转子上没有绕组,只有均匀分布的 40 个小齿,齿槽也是等宽的,齿间夹角也是 9°,与磁极上的小齿一致。此外,三相定子磁极上的小齿在空间位置上依次错开 1/3 齿距,如图 5.4 所示。当 A 相磁极上的小齿与转子上的小齿对齐时,B相磁极上的齿刚好超前(或滞后)转子齿 1/3 齿距角,C 相磁极齿超前(或滞后)转子齿 2/3 齿距角。

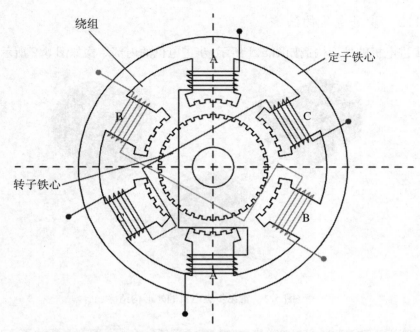

图 5.3　单定子、径向分相、反应式步进电机结构原理图

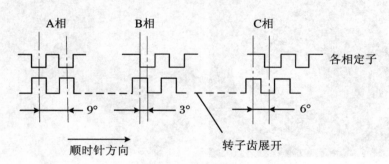

图 5.4　步进电机的齿距

5.2.1.3　步进电机的工作原理

步进电机的工作原理实际上是电磁铁的作用原理。图 5.5 是一种最简单的反应式步进电机,下面以它为例来说明步进电机的工作原理。

图 5.5 中,当 A 相绕组通以直流电流时,根据电磁学原理,便会在 AA 方向上产生一磁场,在磁场电磁力的作用下,吸引转子,使转子的齿与定子 AA 磁极上的齿对齐。若 A 相断电,B 相通电,这时新的磁场其电磁力又吸引转子的两极与 BB 磁极齿对齐,转子沿顺时针转过 $60°$,若 B 相断电,C 相通电,这时新的磁场其电磁力又吸引转子的两极与 CC 磁极齿对齐,转子沿顺时针转过 $60°$。通常,步进电机绕组的通断电状态每改变一次,其转子转过的角度 α 称为步距角。因此,图 5.5 所示步进电机的步距角 α 等于 $60°$。如果控制线路不停地按 A→B→C→A…的顺序控制步进电机绕组的通断电,步进电机的转子便不停地顺时针转动。若通电顺序改为 A→C→B→A…,同理,步进电机的转子将逆时针不停地转动。

上述的这种通电方式称为三相三拍。还有一种三相六拍的通电方式,它的通电顺序是:

顺时针为 A → AB → B → BC → C → CA → A …；逆时针为 A → AC → C→ CB → B → BA →A…。若以三相六拍通电方式工作，如图 5.6 所示，当 A 相通电转为 A 和 B 同时通电时，转子的磁极将同时受到 A 相绕组产生的磁场和 B 相绕组产生的磁场的共同吸引，转子的磁极只好停在 A 和 B 两相磁极之间，这时它的步距角 α 等于 30°。当由 A 和 B 两相同时通电转为 B 相通电时，转子磁极再沿顺时针旋转 30°，与 B 相磁极对齐。其余依此类推。采用三相六拍通电方式，可使步距角 α 缩小一半。

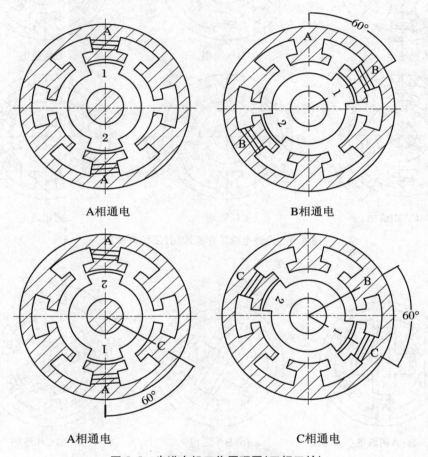

A相通电　　　　　　　　　　　B相通电

A相通电　　　　　　　　　　　C相通电

图 5.5　步进电机工作原理图(三相三拍)

上述的转子是两极的，如图 5.7 所示，定子仍是 A、B、C 三相，每相两极，但转子不是两个磁极而是四个。当 A 相通电时，是 1 和 3 极与 A 相的两极对齐，很明显，当 A 相断电、B 相通电时，2 和 4 极将与 B 相两极对齐。这样，在三相三拍的通电方式中，步距角 α 等于 30°，在三相六拍通电方式中，步距角 α 则为 15°。

综上所述，可以得到如下结论：

① 步进电机定子绕组的通电状态每改变一次，它的转子便转过一个确定的角度，即步进电机的步距角 α；

② 改变步进电机定子绕组的通电顺序，转子的旋转方向随之改变；

③ 步进电机定子绕组通电状态的改变速度越快，其转子旋转的速度越快，即通电状态的变化频率越高，转子的转速越高；

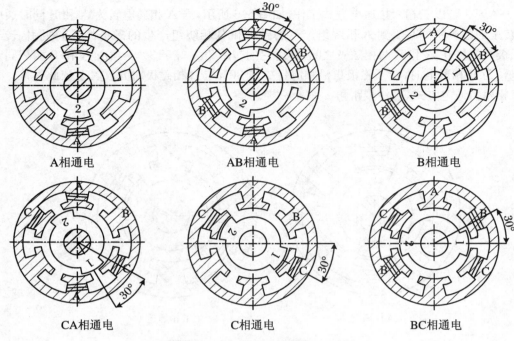

图 5.6　步进电机工作原理图(三相六拍)

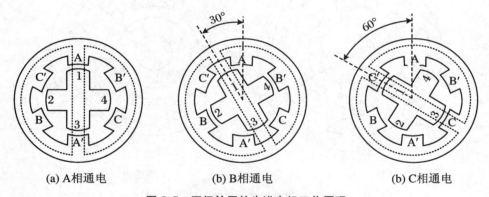

图 5.7　四极转子的步进电机工作原理

④ 步进电机步距角 α 与定子绕组的相数 m、转子的齿数 Z、通电方式 C 有关,可用下式表示:

$$\alpha = \frac{360°}{mZC} \tag{5.1}$$

式中,m 相 m 拍时,$C=1$,m 相 $2m$ 拍时,$C=2$,依此类推。

常用步进电机的定子绕组多数是三相和五相,与此相匹配的转子齿数分别为 40 齿和 48 齿,当它以三相三拍通电方式工作时,其步距角为

$$\alpha = \frac{360°}{mZC} = \frac{360°}{3 \times 40 \times 1} = 3°, \quad \alpha = \frac{360°}{mZC} = \frac{360°}{5 \times 48 \times 1} = 1.5°$$

若按三相六拍通电方式工作,则步距角为

$$\alpha = \frac{360^\circ}{mZC} = \frac{360^\circ}{3 \times 40 \times 2} = 1.5^\circ, \quad \alpha = \frac{360^\circ}{mZC} = \frac{360^\circ}{5 \times 48 \times 2} = 0.75^\circ$$

5.2.1.4　步进电机的主要特性

1. 步距角

步进电机的步距角反映步进电机定子绕组的通电状态每改变一次，转子转过的角度。它是决定步进伺服系统脉冲当量的重要参数。数控机床中常见的反应式步进电机的步距角一般为 1.5°。步距角越小，数控机床的控制精度越高。

2. 矩角特性、最大静态转矩 M_{jmax} 和启动转矩 M_q

矩角特性是步进电机的一个重要特性，它是指步进电机产生的静态转矩与失调角的变化规律。

3. 启动频率 f_q

空载时，步进电机由静止突然启动，并进入不丢步的正常运行所允许的最高频率，称为启动频率或突跳频率。若启动时频率大于突跳频率，步进电机就不能正常启动。空载启动时，步进电机定子绕组通电状态变化的频率不能高于该突跳频率。

4. 连续运行的最高工作频率 f_{max}

步进电机连续运行时，它所能接受的，即保证不丢步运行的极限频率，称为最高工作频率。它是决定定子绕组通电状态最高变化频率的参数，它决定了步进电机的最高转速。

5. 加减速特性

步进电机的加减速特性是描述步进电机由静止到工作频率和由工作频率到静止的加减速过程中，定子绕组通电状态的变化频率与时间的关系。当要求步进电机启动到大于突跳频率的工作频率时，变化速度必须逐渐上升；同样，从最高工作频率或高于突跳频率的工作频率停止时，变化速度必须逐渐下降。逐渐上升和下降的加速时间、减速时间不能过小，否则会出现失步或超步。我们用加速时间常数 T_a 和减速时间常数 T_d 来描述步进电机的升速和降速特性，如图 5.8 所示。

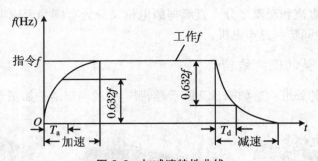

图 5.8　加减速特性曲线

5.2.1.5　步进电机的驱动器

步进电动机需要专门的驱动装置（驱动器）供电，驱动器和步进电动机是一个有机的整体，步进电动机的运行性能是电动机及其驱动器二者配合所反映的综合效果。一般来说，每一台步进电机大都有其对应的驱动器。步进电机驱动器的功能是接收来自控制器（PLC）的一定数量和频率脉冲信号以及电机旋转方向的信号，为步进电动机输出三相功率脉冲信号。

　　步进电机驱动器的组成包括脉冲分配器和脉冲放大器两部分,主要解决向步进电机的各相绕组分配输出脉冲和功率放大两个问题。

　　脉冲分配器是一个数字逻辑单元,它接收来自控制器的脉冲信号和转向信号,把脉冲信号按一定的逻辑关系分配到每一相脉冲放大器上,使步进电机按选定的运行方式工作。由于步进电机各相绕组是按一定的通电顺序并不断循环来实现步进功能的,因此脉冲分配器也称为环形分配器。实现这种分配功能的方法有多种,可以由双稳态触发器和门电路组成,也可由可编程逻辑器件组成。

　　脉冲放大器是进行脉冲功率放大。因为从脉冲分配器能够输出的电流很小(毫安级),而步进电机工作时需要的电流较大,因此需要进行功率放大。此外,输出的脉冲波形、幅度、波形前沿陡度等因素对步进电机运行性能有重要的影响。

知识链接 5.2.2　伺服电机的结构及原理

5.2.2.1　伺服电机的定义及分类

1. 伺服电机的定义

　　伺服电动机又叫执行电动机,或叫控制电动机。在自动控制系统中,伺服电动机是一个执行元件,它的作用是把信号(控制电压或相位)变换成机械位移,也就是把接收到的电信号变为电机的一定转速或角位移。伺服电机接收到 1 个脉冲,就会旋转 1 个脉冲对应的角度,从而实现位移,因为伺服电机本身具备发出脉冲的功能,所以伺服电机每旋转一个角度,都会发出对应数量的脉冲,这样,和伺服电机接受的脉冲形成了呼应,或者叫闭环,如此一来,系统就会知道发了多少脉冲给伺服电机,同时又收了多少脉冲回来,这样,就能够很精确地控制电机的转动,从而实现精确的定位,可以达到 0.001 mm。其容量一般在 0.1~100 W,常用的是 30 W 以下。

2. 伺服电机的分类

　　伺服电动机有直流和交流之分。直流伺服电机又分为有刷和无刷电机,交流伺服电机也是无刷电机,分为同步和异步电机。

5.2.2.2　伺服电机的结构

常见伺服电机的外形构造如图 5.9 所示,伺服电机的内部结构如图 5.10 所示。

图 5.9　常见伺服电机的外形构造

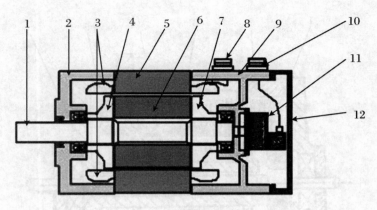

图 5.10　伺服电机的内部结构

1. 电机轴；　2. 前端盖；　3. 三相绕组线圈；　4. 压板；　5. 定子；　6. 磁钢；　7. 后压板；
8. 动力线插头；　9. 后端盖；　10. 反馈插头；　11. 脉冲编码器；　12. 电机后盖

1. 交流伺服电机的结构

交流伺服电动机定子的构造基本上与电容分相式单相异步电动机相似,如图 5.11 所示。其定子上装有两个位置互差 $90°$ 的绕组,一个是励磁绕组 R_f,它始终接在交流电压 U_f 上;另一个是控制绕组 L,连接控制信号电压 U_c。所以交流伺服电动机又称两个伺服电动机。交流伺服电动机的转子通常做成鼠笼式,但为了使伺服电动机具有较宽的调速范围、线性的机械特性,无"自转"现象和快速响应的性能,它与普通电动机相比,应具有转子电阻大和转动惯量小这两个特点。目前应用较多的转子结构有两种形式:一种是采用高电阻率的导电材料做成的高电阻率导条的鼠笼转子,为了减小转子的转动惯量,转子做得细长;另一种是采用铝合金制成的空心杯形转子,杯壁很薄,仅 $0.2 \sim 0.3\ \text{mm}$,为了减小磁路的磁阻,要在空心杯形转子内放置固定的内定子,如图 5.12 所示。空心杯形转子的转动惯量很小,反应迅速,而且运转平稳,因此被广泛采用。

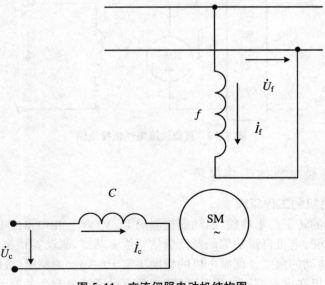

图 5.11　交流伺服电动机结构图

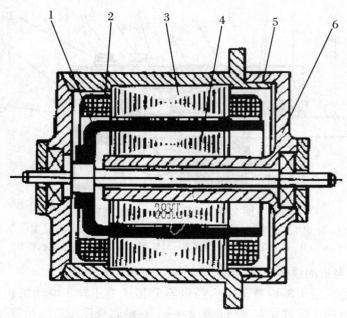

图 5.12　空心杯形转子交流伺服电机结构图

1. 杯形转子；　2. 定子绕组；　3. 外定子；　4. 内定子；　5. 机壳；　6. 端盖

2. 直流伺服电机的结构

直流伺服电动机的结构和一般直流电动机一样，只是为了减小转动惯量而做得细长一些。它的励磁绕组和电枢分别由两个独立电源供电。也有永磁式的，即磁极是永久磁铁。通常采用电枢控制，就是励磁电压 f 一定，建立的磁通量 Φ 也是定值，而将控制电压 U_c 加在电枢上，其接线图如图 5.13 所示。

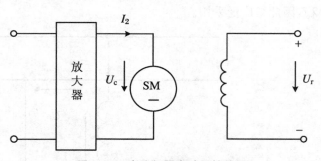

图 5.13　直流伺服电动机接线图

5.2.2.3　伺服电机的工作原理

1. 交流伺服电机的工作原理

伺服电机内部的转子是永磁铁，驱动器控制的 U/V/W 三相电形成电磁场，转子在此磁场的作用下转动，同时电机自带的编码器反馈信号给驱动器，驱动器根据反馈值与目标值进行比较，调整转子转动的角度。伺服电机的精度决定于编码器的精度（线数）。

交流伺服电动机在没有控制电压时，气隙中只有励磁绕组产生的脉动磁场，转子上没有启动转矩而静止不动。当有控制电压且控制绕组电流和励磁绕组电流不同相时，则在气隙中产生一个旋转磁场并产生电磁转矩,使转子沿旋转磁场的方向旋转。但是对伺服电动机要求不仅是在控制电压作用下就能启动,且电压消失后电动机应能立即停转。如果伺服电动机控制电压消失后像一般单相异步电动机那样继续转动,即出现失控现象,我们把这种因失控而自行旋转的现象称为自转。

为消除交流伺服电动机的自转现象,必须加大转子电阻 r_2,这是因为当控制电压消失后,伺服电动机处于单相运行状态,若转子电阻很大,使临界转差率 $s_m > 1$,这时正负序旋转磁场与转子作用所产生的两个转矩特性曲线的合成转矩的方向与电机旋转方向相反,是一个制动转矩,这就保证了当控制电压消失后转子仍转动时,电动机将被迅速制动而停下。转子电阻加大后,不仅可以消除自转,还具有扩大调速范围、改善调节特性、提高反应速度等优点。

可采用下列三种方法来控制伺服电动机的转速高低及旋转方向。

(1) 幅值控制

保持控制电压与励磁电压间的相位差不变,仅改变控制电压的幅值。

(2) 相位控制

保持控制电压的幅值不变,仅改变控制电压与励磁电压间的相位差。

(3) 幅-相控制

同时改变控制电压的幅值和相位。

2. 直流伺服电机的工作原理

传统直流伺服电动机的基本工作原理与普通直流电动机完全相同,依靠电枢电流与气隙磁通的作用产生电磁转矩,使伺服电动机转动。通常采用电枢控制方式,即在保持励磁电压不变的条件下,通过改变电枢电压来调节转速。电枢电压越小,则转速越低;电枢电压为零时,电动机停转。由于电枢电压为零时电枢电流也为零,电动机不产生电磁转矩,不会出现"自转"。

5.2.2.4   伺服电机与步进电机的性能比较

步进电机作为一种开环控制的系统,和现代数字控制技术有着本质的联系。在目前国内的数字控制系统中,步进电机的应用十分广泛。随着全数字式交流伺服系统的出现,交流伺服电机也越来越多地应用于数字控制系统中。为了适应数字控制的发展趋势,运动控制系统中大多采用步进电机或全数字式交流伺服电机作为执行电动机。虽然两者在控制方式上相似(脉冲串和方向信号),但在使用性能和应用场合上存在着较大的差异。现就二者的使用性能作一比较。

1. 控制精度不同

两相混合式步进电机步距角一般为 $1.8°$、$0.9°$,五相混合式步进电机步距角一般为 $0.72°$、$0.36°$。也有一些高性能的步进电机通过细分后步距角更小。如三洋公司(SANYO DENKI)生产的二相混合式步进电机其步距角可通过拨码开关设置为 $1.8°$、$0.9°$、$0.72°$、$0.36°$、$0.18°$、$0.09°$、$0.072°$、$0.036°$,兼容了两相和五相混合式步进电机的步距角。

交流伺服电机的控制精度由电机轴后端的旋转编码器保证。以三洋全数字式交流伺服电机为例,对于带标准 2000 线编码器的电机而言,由于驱动器内部采用了四倍频技术,其脉冲当量为 $360°/8\,000 = 0.045°$。对于带 17 位编码器的电机而言,驱动器每接收 131 072 个脉冲电机转一圈,即其脉冲当量为 $360°/131\,072 = 0.002\,746\,6°$,是步距角为 $1.8°$ 的步进电机的脉冲当量的 1/655。

2. 低频特性不同

步进电机在低速时易出现低频振动现象。振动频率与负载情况和驱动器性能有关,一般认为振动频率为电机空载起跳频率的一半。这种由步进电机的工作原理所决定的低频振动现象对于机器的正常运转非常不利。当步进电机工作在低速时,一般应采用阻尼技术来克服低频振动现象,比如在电机上加阻尼器,或驱动器上采用细分技术等。

交流伺服电机运转非常平稳,即使在低速时也不会出现振动现象。交流伺服系统具有共振抑制功能,可涵盖机械的刚性不足,并且系统内部具有频率解析机能(FFT),可检测出机械的共振点,便于系统调整。

3. 矩频特性不同

步进电机的输出力矩随转速升高而下降,且在较高转速时会急剧下降,所以其最高工作转速一般在 300～600 RPM。交流伺服电机为恒力矩输出,即在其额定转速(一般为 2 000 RPM 或 3 000 RPM)以内,都能输出额定转矩,在额定转速以上为恒功率输出。

4. 过载能力不同

步进电机一般不具有过载能力。交流伺服电机具有较强的过载能力。以三洋交流伺服系统为例,它具有速度过载和转矩过载能力。其最大转矩为额定转矩的 2～3 倍,可用于克服惯性负载在启动瞬间的惯性力矩。步进电机因为没有这种过载能力,在选型时为了克服这种惯性力矩,往往需要选取较大转矩的电机,而机器在正常工作期间又不需要那么大的转矩,便出现了力矩浪费的现象。

5. 运行性能不同

步进电机的控制为开环控制,启动频率过高或负载过大易出现丢步或堵转的现象,停止时转速过高易出现过冲的现象,所以为保证其控制精度,应处理好升、降速问题。交流伺服驱动系统为闭环控制,驱动器可直接对电机编码器反馈信号进行采样,内部构成位置环和速度环,一般不会出现步进电机的丢步或过冲的现象,控制性能更为可靠。

6. 速度响应性能不同

步进电机从静止加速到工作转速(一般为每分钟几百转)需要 200～400 ms。交流伺服系统的加速性能较好,以三洋 400 W 交流伺服电机为例,从静止加速到其额定转速 3 000 RPM 仅需几毫秒,可用于要求快速启停的控制场合。

综上所述,交流伺服系统在许多性能方面都优于步进电机。但在一些要求不高的场合也经常用步进电机来作执行电动机。所以,在控制系统的设计过程中要综合考虑控制要求、成本等多方面的因素,选用适当的控制电机。

5.2.2.5　伺服电机的驱动器

交流永磁同步伺服驱动器主要由伺服控制单元、功率驱动单元、通信接口单元、伺服电动机及相应的反馈检测器件组成,其中伺服控制单元包括位置控制器、速度控制器、转矩和电流控制器等。结构组成如图 5.14 所示。

伺服驱动器均采用数字信号处理器(DSP)作为控制核心,其优点是可以实现比较复杂的控制算法,实现数字化、网络化和智能化。功率器件普遍采用以智能功率模块(IPM)为核心设计的驱动电路,IPM 内部集成了驱动电路,同时具有过电压、过电流、过热、欠压等故障检测保护电路,在主回路中还加入软启动电路,以减小启动过程对驱动器的冲击。

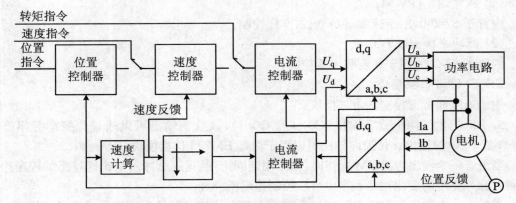

图 5.14　系统控制结构

功率驱动单元首先通过整流电路对输入的三相电或者市电进行整流,得到相应的直流电。再通过三相正弦 PWM 电压型逆变器变频来驱动三相永磁式同步交流伺服电机。

逆变部分(DC-AC)采用功率器件集成驱动电路,保护电路和功率开关于一体的智能功率模块(IPM),主要拓扑结构是采用了三相桥式电路,原理图如图 5.15 所示。利用了脉宽调制技术即 PWM(Pulse Width Modulation),通过改变功率晶体管交替导通的时间来改变逆变器输出波形的频率,改变每半周期内晶体管的通断时间比,也就是说通过改变脉冲宽度来改变逆变器输出电压副值的大小以达到调节功率的目的。

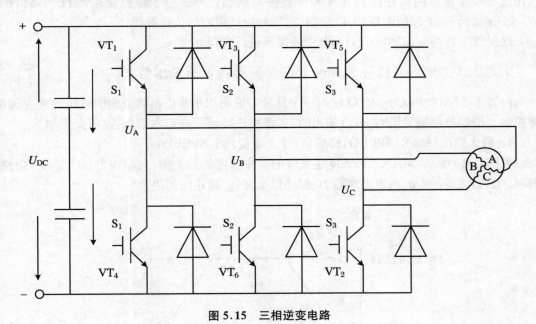

图 5.15　三相逆变电路

知识链接 5.2.3　S7-200 PLC 的脉冲输出功能及位控编程

S7-200 提供了三种方式的开环运动控制。

（1）脉宽调制（PWM）

内置于 S7-200，用于速度、位置或占空比控制。

（2）脉冲串输出（PTO）

内置于 S7-200，用于速度和位置控制。

（3）EM253 位控模块

用于速度和位置控制的附加模块。

S7-200 提供了两个数字输出（Q0.0 和 Q0.1），该数字输出可以通过位控向导组态为 PWM 或 PTO 的输出。位控向导还可以用于组态 EM253 位控模块。

当组态一个输出为 PWM 操作时，输出周期固定，脉宽或脉冲占空比通过您的程序进行控制。脉冲宽度的变化在您程序中可以控制速度或位置。

当组态一个输出为 PTO 操作时，生成一个 50% 占空比脉冲串用于步进电机或伺服电机的速度和位置的开环控制。内置 PTO 功能仅提供了脉冲串输出。用户的应用程序必须通过 PLC 内置 I/O 或扩展模块提供方向和限位控制。

EM253 位控模块提供了带有方向控制、禁止和清除输出的单脉冲输出。另外，专用输入允许将模块组态为包括自动参考点搜索在内的几种操作模式。模块为步进电机或伺服电机的速度和位置开环控制提供了统一的解决方案。

为了简化应用程序中位控功能的使用，STEP7-Micro/WIN 提供的位控向导可以帮助用户在几分钟内全部完成 PWM、PTO 或位控模块的组态。向导可以生成位置指令，用户可以用这些指令在应用程序中为速度和位置提供动态控制。对于位控模块，STEP7-Micro/WIN 还提供了一个控制面板，可以控制、监视和测试用户的位控操作。

这里仅对脉冲输出功能（PTO）及位控编程进行介绍。

5.2.3.1 开环位控用于步进电机或伺服电机的基本信息

内置于 S7-200 PLC 的 PTO 使用一个脉冲串输出用于步进电机或伺服电机的速度和位置控制。借助位控向导组态 PTO 输出时，需要用户提供一些基本信息，逐项介绍如下。

1. 最大速度（MAX_SPEED）和启动/停止速度（SS_SPEED）

如图 5.16 所示，MAX_SPEED 是允许的操作速度的最大值，它应在电机力矩能力的范围内。驱动负载所需的力矩由摩擦力、惯性以及加速/减速时间决定。

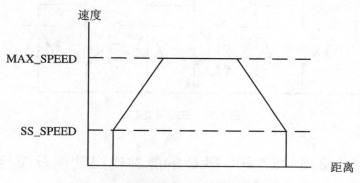

图 5.16　最大速度和启动/停止速度示意图

SS_SPEED 的数值应满足电机在低速时驱动负载的能力，如果 SS_SPEED 的数值过低，电机和负载在运动的开始和结束时可能会摇摆或颤动；如果 SS_SPEED 的数值过高，电机会在启动时丢失脉冲，并且负载在试图停止时会使电机超速。通常，SS_SPEED 值是 MAX_SPEED 值的 5%～15%。

2．加速和减速时间

加速时间 ACCEL_TIME：电机从 SS_SPEED 速度加速到 MAX_SPEED 速度所需要的时间。

减速时间 DECEL_TIME：电机从 MAX_SPEED 速度减速到 SS_SPEED 速度所需要的时间。

加速时间和减速时间的缺省设置都是 1 000 ms。通常，电机可在小于 1 000 ms 的时间内工作，如图 5.17 所示。这 2 个值设定时要以毫秒为单位。

电机的加速和失速时间通常要经过测试来确定。开始时，应输入一个较大的值，逐渐减少这个时间值直至电机开始失速，从而优化应用中的这些设置。

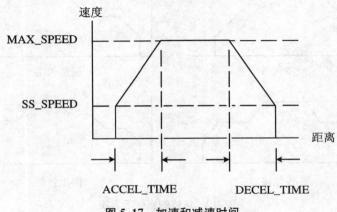

图 5.17　加速和减速时间

3．移动包络

一个包络是一个预先定义的移动描述，它包括一个或多个速度，影响着从起点到终点的移动。一个包络由多段组成，每段包含一个达到目标速度的加速/减速过程和以目标速度匀速运行的一串固定数量的脉冲。

位控向导提供移动包络定义界面，应用程序所需的每一个移动包络均可在这里定义。PTO 支持最大 100 个包络。

定义一个包络，包括如下几点。

（1）选择包络的操作模式

PTO 支持相对位置和单一速度的连续转动两种模式，如图 5.18 所示，相对位置模式指的是运动的终点位置是从起点侧开始计算的脉冲数量。单速连续转动则不需要提供终点位置，PTO 一直持续输出脉冲，直至有其他命令发出，例如到达传感器检测到的位置点要求停发脉冲。

（2）为包络的各步定义指标

一个步是工件运动的一个固定距离，包括加速和减速时间内的距离。PTO 每一包络最大允许 29 个步。每一步需要指定目标速度和结束位置或脉冲数目，且每次输入一步。图 5.19 为一步、两步、三步和四步包络。注意一步包络只有一个常速段，两步包络有两个常速段,依此类推。步的数目与包络中常速段的数目一致。

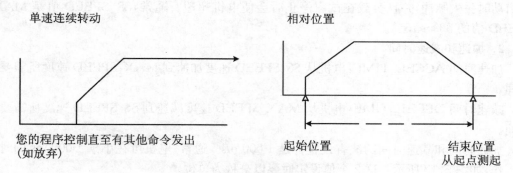

图 5.18   包络的操作模式

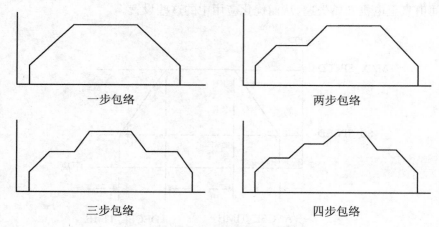

图 5.19   包络的步数示意图

（3）定义包络的符号名

包络的操作模式及步数定义完成后需要给包络定义一个符号名,比如 Profile0_0、Profile0_1 等。如图 5.20 所示。

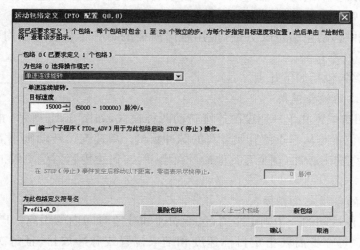

图 5.20   包络设置完成状态

5.2.3.2　使用位控向导编程步骤

1. 为 S7-200 PLC 选择选项组态内置 PTO 操作

在 STEP7 V4.0 软件命令菜单中选择工具→位置控制向导,即开始引导位置控制配置。在向导弹出的第 1 个界面,选择配置 S7-200 PLC 内置 PTO/PWM 操作(图 5.21)。在第 2 个界面中选择"Q0.0"作脉冲输出(图 5.22)。接下来的第 3 个界面如图 5.23 所示,请选择"线性脉冲输出(PTO)",并点选使用高速计数器 HSC0(模式 12)对 PTO 生成的脉冲自动计数的功能。单击"下一步"就开始了组态内置 PTO 操作。

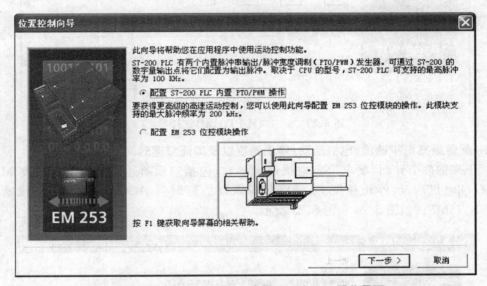

图 5.21　选择 S7-200 PLC 内置 PTO/PWM 操作界面

图 5.22　选择"Q0.0"作脉冲输出操作界面

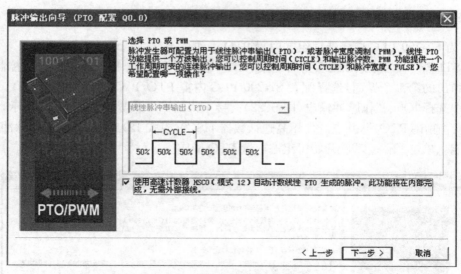

图 5.23　组态内置 PTO 操作选择界面

2. 配置最高电机速度、电机启动/停止速度以及加速减速时间

接下来的两个界面，要求设定电机速度参数，包括前面所述的最高电机速度 MAX_SPEED 和电机启动/停止速度 SS_SPEED，以及加速时间 ACCEL_TIME 和减速时间 DECEL_TIME。如图 5.24 和图 5.25 所示。

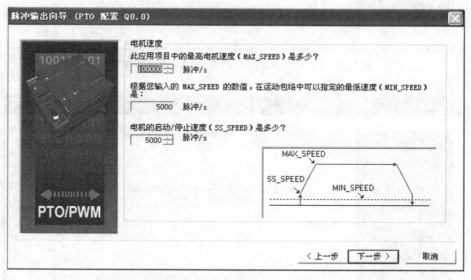

图 5.24　配置最高电机速度和电机启动/停止速度

3. 配置运动包络

该界面要求设定操作模式、1 个步的目标速度、结束位置等步的指标，以及定义这一包络的符号名（从第 0 个包络第 0 步开始），如图 5.26 所示。在这个界面下可以设置单速连续旋转模式或者相对位置模式，设置相关的步参数，定义一个包络的符号比如 Profile0_0 即可。

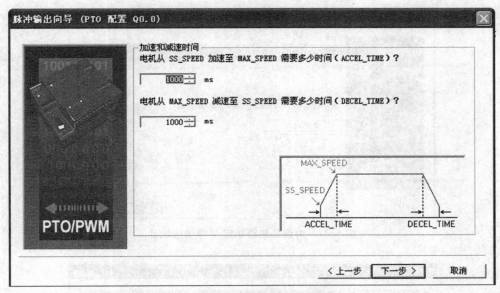

图 5.25　配置加速时间和减速时间

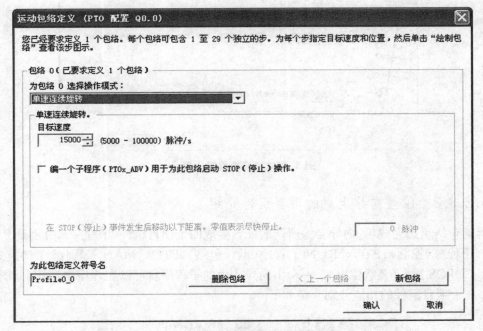

图 5.26　配置运动包络界面

4. 设置 V 存储区地址

运动包络编写完成单击"确认",向导会要求为运动包络指定 V 存储区地址(建议地址为 VB75~VB300),可默认这一建议,也可自行键入一个合适的地址。图 5.27 是指定 V 存储区首地址为 VB400 时的界面,向导会自动计算地址的范围。

5. 生成项目组件

为运动包络指定 V 存储区地址后,单击"下一步"出现图 5.28,单击"完成"。

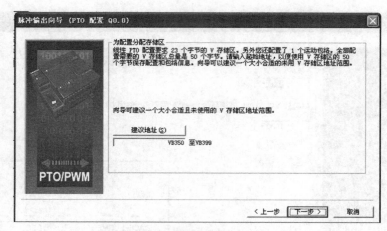

图 5.27　为运动包络指定 V 存储区地址

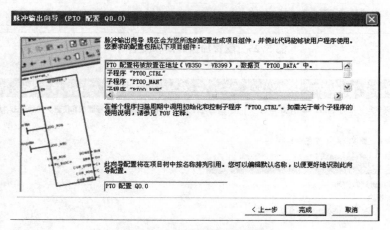

图 5.28　生成项目组件提示

5.2.3.3　位控向导生成的项目组件介绍

运动包络组态完成后,向导会为所选的配置生成四个项目组件(子程序),分别是 PTOx_CTRL 子程序(控制)、PTOx_RUN 子程序(运行包络)、PTOx_MAN 子程序(手动模式)和PTOx_LDPOS 指令(装载位置)。一个由向导产生的子程序就可以在程序中调用,如图5.29所示。三个项目组件的功能分别介绍如下。

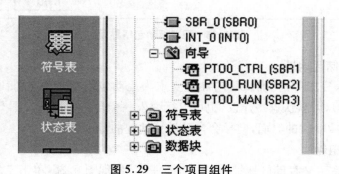

图 5.29　三个项目组件

1. PTOx_CTRL 子程序(控制)

PTOx_CTRL 子程序(控制)使能和初始化用于步进电机或伺服电机的 PTO 输出。在程序中仅能使用该子程序一次,并保证每个扫描周期该子程序都被执行。一直使用 SM0.0 作为 EN 使能端的输入。如图 5.30 所示,其各个端子介绍如下:

① I_STOP(立即 STOP):输入量为一个布尔量输入。当输入为低电平时,PTO 功能正常操作。当输入变为高电平时,PTO 立即终止脉冲输出。

② D_STOP(减速 STOP):输入量为一个布尔量输入。当输入为低电平时,PTO 功能正常操作。当输入变为高电平时,PTO 产生一个脉冲串将电机减速到停止。

③ Done 输出是一个布尔量输出。当 Done 位为高电平时,表明 CPU 已经执行完子程序。

④ Error(错误):当 Done 位为高电平时,Error 字节以一个无错误代码或错误代码来报告正常完成。

⑤ C_Pos 参数:若在向导中已使能 HSC,则 C_Pos 参数包含以脉冲数表示的模块当前位置。否则,当前位置将一直为 0。

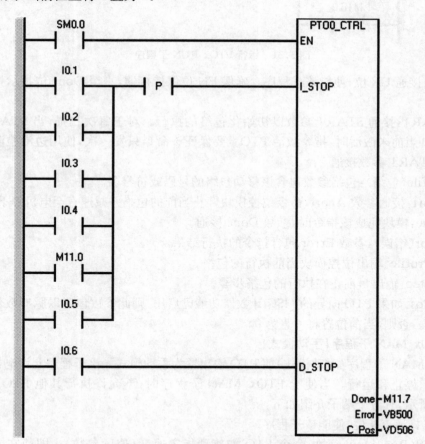

图 5.30　运行 PTOx_CTRL 子程序

2. PTOx_RUN 子程序(运行包络)

PTOx_RUN 子程序(运行包络)命令 PLC 在一个指定的包络中执行运动操作,此包络存储在组态/包络表中。如图 5.31 所示,其各个端子介绍如下:

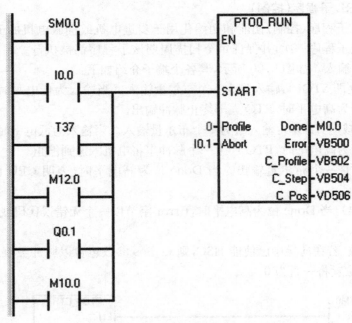

图 5.31　运行 PTOx_RUN 子程序

① EN：接通 EN 位，使能该子程序。确保 EN 位保持接通，直至 Done 位指示该子程序已完成。

② START：接通 START 参数以初始化包络的执行。对于每次扫描，当 START 参数接通且 PTO 当前未激活时，指令激活 PTO。要保证该命令只发一次，使用边沿检测指令以脉冲触发 START 参数接通。

③ Profile（包络）：包络参数包含该移动包络的号码或符号名。

④ Abort：接通参数 Abort，命令位控模块停止当前的包络并减速直至电机停下。

⑤ Done：模块完成该指令时，参数 Done 接通。

⑥ Error（错误）：参数 Error 包含指令的执行结果。

⑦ C_Profile：输出位控模块当前执行的包络。

⑧ C_Step：输出目前正在执行的包络步骤。

⑨ C_Pos：如果 PTO 向导的 HSC 计数器功能已启用，则此参数包含以脉冲数作为模块的当前位置。否则，当前位置将一直为 0。

3. PTOx_MAN 子程序（手动模式）

PTOx_MAN 子程序（手动模式）使 PTO 输出置为手动模式。该子程序允许电机以不同的速度启动、停止和运行。当使能 PTOx_MAN 子程序时，不允许执行其他 PTO 子程序。如图 5.32 所示，其各个端子介绍如下：

① EN：接通 EN 位，使能该子程序。

② RUN（Run/Stop）参数：命令 PTO 加速到指定速度（速度参数）。即使在电机运行时，您也可以改变速度参数的值。禁止参数 RUN 则命令 PTO 减速，直至电机停止。

③ Speed：当 RUN 已启用时，Speed 参数确定着速度。速度是一个用每秒脉冲数计算的 DINT（双整数）值，可以在电机运行中更改此参数。

④ Error（错误）：输出本子程序的执行结果的错误信息。

⑤ C_Pos 参数：若在向导中已使能 HSC，则 C_Pos 参数包含以脉冲数表示的模块当前位置。否则，当前位置将一直为 0。

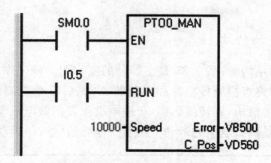

图 5.32　运行 PTOx_MAN 子程序

4. PTOx_LDPOS 指令（装载位置）

除了上述的三个项目组件以外，如果选择的是相对位置的操作模式，还会生成一个 PTOx_LDPOS 子程序。PTOx_LDPOS 指令（装载位置）改变 PTO 脉冲计数器的当前位置值为一个新值。您可以使用该指令为任何一个运动命令建立一个新的零位置。如图 5.33 所示，其各个端子介绍如下：

① EN 位：子程序的使能位。在完成"Done"位发出子程序执行已经完成的信号前，应使 EN 位保持开启。

② START：装载启动。接通此参数，以装载一个新的位置值到 PTO 脉冲计数器。在每一循环周期，只要 START 参数接通且 PTO 当前不忙，该指令装载一个新的位置给 PTO 脉冲计数器。若要保证该命令只发一次，使用边沿检测指令以脉冲触发 START 参数接通。

③ New_Pos 参数：输入一个新的值替代 C_Pos 报告的当前位置值。位置值用脉冲数表示。

④ Done（完成）：模块完成该指令时，参数 Done ON。

⑤ Error（错误）（BYTE 型）：输出本子程序执行的结果的错误信息。无错误时输出 0。

⑥ C_Pos：此参数包含以脉冲数作为模块的当前位置。

由上述四个子程序的梯形图可以看出，为了调用这些子程序，编程时应预置一个数据存储区，用于存储子程序执行时间参数，存储区所存储的信息，可根据程序的需要调用。

图 5.33　运行 PTOx_LDPOS 子程序

知识链接 5.2.4 工作台的结构及运行控制要求

5.2.4.1 工作台的结构

图 5.34 是工作台的结构图,图 5.35 是工作台的实物图。该工作台由工作滑台,工作导轨(丝杆),两侧的起点和终点检测传感器和中间的 A、B、C 三个检测位置上的传感器,步进电机或伺服电机及其连接机构,旋转编码器,步进电机或者伺服电机驱动器等构成。工作滑台可以在步进电机或者是伺服电机的带动下沿着工作导轨(丝杆)运动。

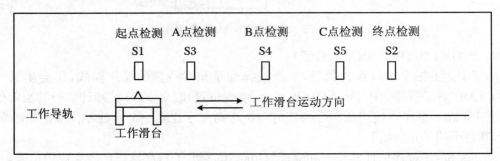

图 5.34 工作台的结构图

图 5.35 工作台的实物图

5.2.4.2 工作台的运行控制要求

上述工作台的运行控制要求如下:

① 按下启动按钮 SB1,系统启动。此时,无论工作滑台位于工作导轨的任何位置都能够直接回到原点的位置,即左侧的 S1 位置。

② 工作滑台回到原点以后,从原点开始连续运行至检测点 A 位置(S3)后停止,停 1 s后,继续运行,当运行至检测点 B 位置(S4)后停止,停 1 s 后,继续运行,当运行至检测点 C位置(S5)后停止,停 1 s 后,继续运行,当运行至终点位置(S2)时,工作滑台立即沿工作导轨快速返回至原点。

③ 当按下停止按钮 SB2 时,此时无论工作滑台运行至任何位置,都应立即停止运行。

5.3　情境操作实践

任务 5.3.1　PLC 结合步进电机控制工作台运行

5.3.1.1　任务描述

用 PLC 结合步进电机控制如图 5.35 所示的工作台,按照知识链接 5.2.4 中的运行控制要求运行。

5.3.1.2　任务实施内容

1. 实施器材

实施器材如表 5.1 所示。

表 5.1　实施设备与器材

工具	验电笔、螺钉旋具、尖嘴钳、剥线钳、电工刀等常用工具			
仪表	VC980 数字万用表			
	序号	名　　称	型号/规格	数量
设备或器材	1	S7-200 CPU	CPU224 XP DC/DC/DC＋扩展模块 EM223	1
	2	计算机	操作系统是 Windows 2000 以上	1
	3	PC/PPI 电缆	RS-232C/PPI 或 USB/PPI	1
	4	编程软件	STEP7-Micro/WIN　V4.0	1
	5	步进电机	Kinco,3S57Q-04079	1
	6	步进电机驱动器	Kinco,3M458	1
	7	工作台	含有传感器、导轨、滑台等,如图 5.35 所示	1
	8	按钮 SB1、2	LA10-3H,保护式按钮 3(代用)	1
	9	电阻	2 kΩ	2
	10	端子板 XT	JX2-1015,10 A,15 节	1

2. 实施步骤

(1) I/O 分配

根据分析,对输入量和输出量进行分配如表 5.2 所示。

表 5.2 I/O 分配

输　入　量		输　出　量	
元件代号	输入点	元件代号	输出点
启动按钮 SB1	I0.0	PLS+	Q0.0
原点检测传感器 S1	I0.1	DIR+	Q0.1
A 点检测传感器 S3	I0.2		
B 点检测传感器 S4	I0.3		
C 点检测传感器 S5	I0.4		
终点检测传感器 S2	I0.5		
停止按钮 SB2	I0.6		

（2）连接电路图

设置步进电机驱动器 3M458 DIP1～8 的开关位置，绘制 PLC 硬件接线图以及步进电机驱动器连接电路图，并按照所绘电路正确连接电路。

① 根据图 5.36 的步进电机驱动器的 DIP 开关功能说明和图 5.37 的电流调整说明以及步进电机的参数，正确设置 DIP1～8 的开关位置。

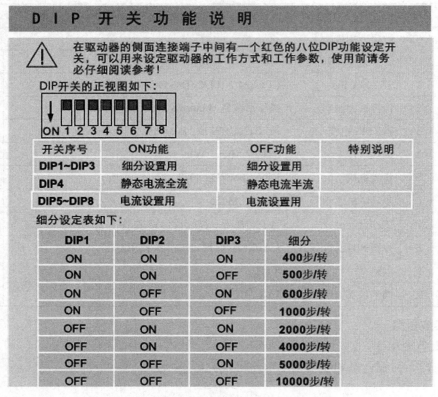

图 5.36　步进电机驱动器 3M458 DIP 开关功能说明

② 按照图 5.38 所示的 PLC 的硬件接线图正确连接 PLC 相关部分的电路。其中传感器的棕色线接 +24 V，蓝色线接 COM，黑色线为信号线接 PLC 的输入端子。

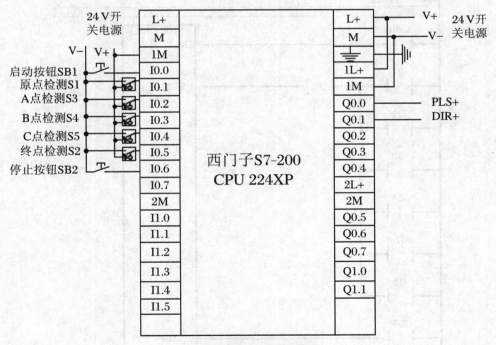

电 流 调 整 说 明

 在驱动器的侧面连接端子中间有一个红色的八位DIP功能设定开关，可以用来设定驱动器的工作方式和工作参数，使用前请务必仔细阅读参考！

DIP开关的正视图如下：

ON 1 2 3 4 5 6 7 8

输出相电流设定表如下：

DIP5	DIP6	DIP7	DIP8	输出电流峰值
OFF	OFF	OFF	OFF	3.0A
OFF	OFF	OFF	ON	4.0A
OFF	OFF	ON	ON	4.6A
OFF	ON	ON	ON	5.2A
ON	ON	ON	ON	5.8A

图 5.37　步进电机驱动器 3M458 电流调整说明

图 5.38　PLC 硬件接线图

③ 按照图 5.39 所示的步进电机驱动器和步进电机的连接图正确连接步进电机的电路。

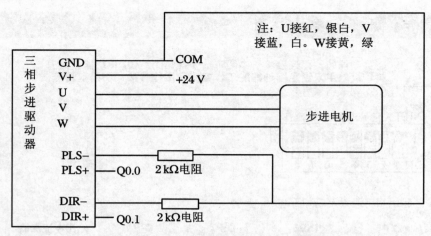

图 5.39　步进电机驱动器和步进电机的连接图

（3）设计梯形图程序

根据工作台运行的控制要求，用梯形图编辑器来输入程序，参照知识链接 5.2.3 的 PLC 的脉冲输出功能和位控编程的步骤，设计工作台控制的梯形图程序。图 5.40 给出了工作台运行控制电路的梯形图参考程序。

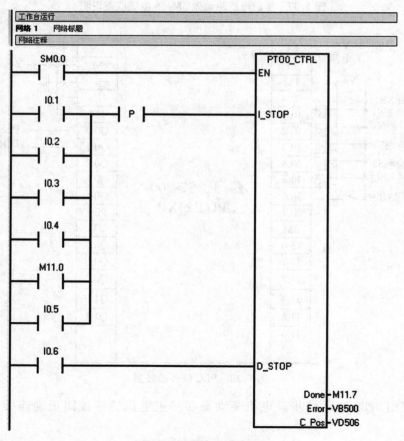

图 5.40　梯形图参考程序

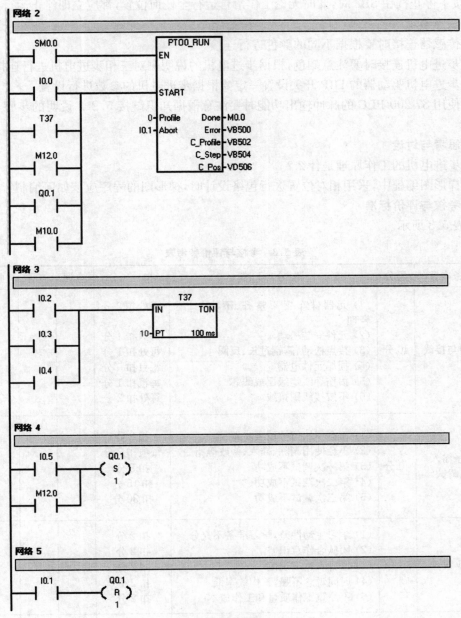

图 5.40(续)

(4) 调试并运行

梯形图设计完成后,将程序下载至 PLC 中,然后将 PLC 置于 RUN(运行)状态。

按下 SB1 启动按钮,系统启动。此时,无论工作滑台位于工作导轨的任何位置都能够直接回到原点的位置,即左侧的 S1 位置。

工作滑台回到原点以后,从原点开始连续运行至检测点 A 位置(S3)后停止,停 1 s 后,继续运行,当运行至检测点 B 位置(S4)后停止,停 1 s 后,继续运行,当运行至检测点 C 位置(S5)后停止,停 1 s 后,继续运行,当运行至终点位置(S2)时,工作滑台立即沿工作导轨快速返回至原点。

当按下停止按钮 SB2 时,此时无论工作滑台运行至任何位置,都应立即停止运行。

3. 注意事项

① 传感器连接时要根据不同的颜色进行连接。

② 步进电机连接时要注意颜色,根据步进电机的说明书对三相步进电机进行连接。

③ 步进电机驱动器的 DIP 开关设置一定要根据步进电机的参数进行设置。

④ 使用 S7-200 PLC 的脉冲输出功能时要注意根据知识链接 5.2.2 说明的步骤进行位控编程。

4. 思考与讨论

① 步进电机的工作原理是什么?

② 梯形图编程中,采用相对位置进行包络设计时,梯形图的程序应该如何编制?

5. 考核与评价标准

如表 5.3 所示。

表 5.3　考核与评价参考表

任务内容	配分	评 分 标 准	扣　分	自评	互评	教师评
安装与接线	40 分	(1) 元器件布置不整齐、不均匀、不合理 (2) 元件安装松动 (3) 接点松动、露铜过长、反圈 (4) 损坏元件电器 (5) 损伤导线绝缘层或线芯 (6) 不按接线图接线	每处扣 2 分 每只扣 1 分 每处扣 1 分 每只扣 5 分 每根扣 1 分 每处扣 2 分			
程序输入及调试	40 分	(1) 不会使用位控编程步骤 (2) 不会使用删除、插入、修改等指令 (3) 第一次调试不成功 (4) 第二次调试不成功 (5) 第三次调试不成功	扣 2 分 每项扣 2 分 扣 8 分 扣 15 分 扣 30 分			
职业素养	10 分	(1) 学习主动性差,学习准备不充分 (2) 团队合作意识差 (3) 语言表达不规范 (4) 时间观念不强,工作效率低 (5) 不注重工作质量和工作成本	扣 2 分 扣 2 分 扣 2 分 扣 2 分 扣 2 分			
安全文明生产	10 分	(1) 安全意识差 (2) 劳动保护穿戴不齐 (3) 操作后不清理现场	扣 10 分 扣 10 分 扣 5 分			
定额时间	3.0 h,每超时 5 min(不足 5 min 以 5 min 计)		扣 5 分			
备注	除定额时间外,各项目的最高扣分不应超过配分数					
开始时间	结束时间		总评分			

任务 5.3.2　PLC 结合伺服电机控制工作台运行

5.3.2.1　任务描述

用 PLC 结合伺服电机控制如图 5.35 所示的工作台,按照知识链接 5.2.4 中的运行控制要求运行。

5.3.2.2　任务实施内容

1. 实施器材

实施器材如表 5.4 所示。

表 5.4　实施设备与器材

工具	验电笔、螺钉旋具、尖嘴钳、剥线钳、电工刀等常用工具			
仪表	VC980 数字万用表			
	序号	名　　称	型号/规格	数量
设备或器材	1	S7-200 CPU	CPU224 XP DC/DC/DC + 扩展模块 EM223	1
	2	计算机	操作系统是 Windows 2000 以上	1
	3	PC/PPI 电缆	RS-232C/PPI 或 USB/PPI	1
	4	编程软件	STEP7-Micro/WIN　V4.0	1
	5	伺服电机	中达,ECMA-C30604PS	1
	6	伺服电机驱动器	台达,ASDA-AB	1
	7	工作台	含有传感器、导轨、滑台等,如图 5.35 所示	1
	8	按钮 SB1、2	LA10-3H,保护式按钮 3(代用)	1
	9	电阻	2 kΩ	2
	10	端子板 XT	JX2-1015,10 A,15 节	1

2. 实施步骤

（1）I/O 分配

根据分析,对输入量和输出量进行分配如表 5.5 所示。

表 5.5　I/O 分配

输　入　量		输　出　量	
元件代号	输入点	元件代号	输出点
启动按钮 SB1	I0.0	PULSE 43	Q0.0
原点检测传感器 S1	I0.1	SIGN 36	Q0.1
A 点检测传感器 S3	I0.2		
B 点检测传感器 S4	I0.3		

续表

输　入　量		输　出　量	
元件代号	输入点	元件代号	输出点
C点检测传感器 S5	I0.4		
终点检测传感器 S2	I0.5		
停止按钮 SB2	I0.6		

（2）连接伺服电机驱动器及伺服电机电路

根据图 5.41 所示的伺服电机驱动器各部分说明，连接伺服驱动器电源电路。说明图中的 CN1 连接图如图 5.42 所示。

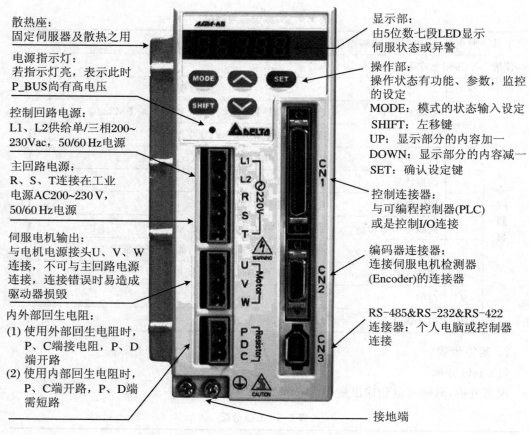

散热座：
固定伺服器及散热之用

电源指示灯：
若指示灯亮，表示此时
P_BUS尚有高电压

控制回路电源：
L1、L2供给单/三相200~
230Vac，50/60 Hz电源

主回路电源：
R、S、T连接在工业
电源AC200~230 V，
50/60 Hz电源

伺服电机输出：
与电机电源接头U、V、W
连接，不可与主回路电源
连接，连接错误时易造成
驱动器损毁

内外部回生电阻：
(1) 使用外部回生电阻时，
P、C端接电阻，P、D
端开路
(2) 使用内部回生电阻时，
P、C端开路，P、D端
需短路

显示部：
由5位数七段LED显示
伺服状态或异警

操作部：
操作状态有功能、参数，监控
的设定
MODE： 模式的状态输入设定
SHIFT： 左移键
UP： 显示部分的内容加一
DOWN： 显示部分的内容减一
SET： 确认设定键

控制连接器：
与可编程控制器(PLC)
或是控制I/O连接

编码器连接器：
连接伺服电机检测器
(Encoder)的连接器

RS-485&RS-232&RS-422
连接器：个人电脑或控制器
连接

接地端

图 5.41　伺服驱动器各部分说明

（3）连接 PLC 硬件接线图

根据工作台运行的控制要求得出的 I/O 分配如表 5.5 所示。设计的 PLC 硬件接线图如图 5.43 所示。按照 PLC 硬件接线图连接电路。

（4）设计梯形图程序

根据工作台运行的控制要求，用梯形图编辑器来输入程序，参照知识链接 5.2.3 的 PLC 的脉冲输出功能和位控编程的步骤，设计工作台控制的梯形图程序。其梯形图参考程序和步进电机控制工作台运行时的梯形图相同,如图 5.40 所示。

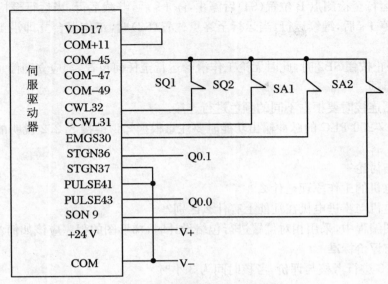

图 5.42　伺服驱动器 CN1 连接图

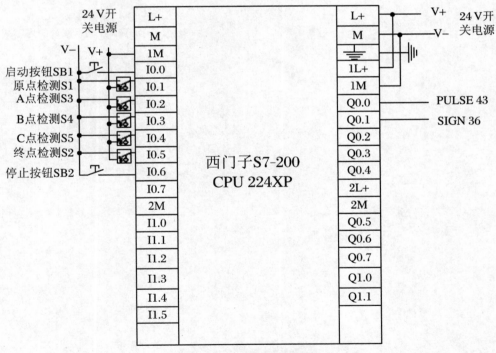

图 5.43　PLC 硬件接线图

(5) 调试并运行

梯形图设计完成后,将程序下载至 PLC 中,然后将 PLC 置于 RUN(运行)状态。

按下 SB1 启动按钮,系统启动。此时,无论工作滑台位于工作导轨的任何位置都能够直接回到原点的位置,即左侧的 S1 位置。

　　工作滑台回到原点以后,从原点开始连续运行至检测点 A 位置(S3)后停止,停 1 s 后,继续运行,当运行至检测点 B 位置(S4)后停止,停 1 s 后,继续运行,当运行至检测点 C 位置(S5)后停止,停 1 s 后,继续运行,当运行至终点位置(S2)时,工作滑台立即沿工作导轨快速返回至原点。

　　当按下停止按钮 SB2 时,此时无论工作滑台运行至任何位置,都应立即停止运行。

3. 注意事项

　　① 传感器连接时要根据不同的颜色进行连接。

　　② 使用 S7-200 PLC 的脉冲输出功能时要注意根据知识链接 5.2.2 说明的步骤进行位控编程。

4. 思考与讨论

　　① 伺服电机的工作原理是什么?

　　② 伺服电机与步进电机在性能上有什么区别?

　　③ 梯形图编程中,采用相对位置进行包络设计时,梯形图的程序应该如何?

5. 考核与评价标准

参照表 5.3 进行考核与评价,考核时间为 3 小时。

参 考 文 献

[1] 宁秋平.维修电工技能实训项目教程[M].北京:电子工业出版社,2013.

[2] 李山兵.机床电气控制技术项目教程[M].北京:电子工业出版社,2012.

[3] 倪震.维修电工实训指导教程[M].合肥:安徽大学出版社,2010.

[4] 《职业技能鉴定教材》《职业技能鉴定指导》编审委员会.维修电工:初级;中级;高级[M].北京:中国劳动社会保障出版社,2009.

[5] 徐国林.PLC 应用技术[M].北京:机械工业出版社,2009.

[6] 吕炳文.PLC 应用技术:西门子、任务驱动模式[M].北京:机械工业出版社,2012.

[7] 崔维群.可编程控制器应用技术项目教程:西门子[M].北京:北京大学出版社,2011.

[8] 刘东汉.PLC 技术及应用[M].北京:北京理工大学出版社,2009.

[9] SIEMENS 公司.S7-200 可编程控制器系统手册.

[10] 浙江亚龙科技集团有限公司.西门子变频器 MM420 型实训指导书.

[11] 浙江亚龙科技集团有限公司.亚龙 YL-335B 型自动生产线实训考核装备实训指导书.

[12] 浙江亚龙科技集团有限公司.亚龙 YL-158GA 型维修电工实训考核装置(西门子)实验指导手册.

[13] 姜永华.PLC 与变频器控制系统设计与调试[M].北京:北京大学出版社,2011.

[14] 吕汀.变频技术原理与应用[M].北京:机械工业出版社,2010.

[15] 吴启红.变频器、可编程控制器及触摸屏综合应用技术实操指导书[M].北京:机械工业出版社,2011.

[16] 北京昆仑通态自动化软件科技有限公司.MCGS 7.0 使用手册.

[17] 北京昆仑通态自动化软件科技有限公司.MCGS 7.0 命令语言参考手册.

[18] 百度百科.MCGS.

[19] 颜嘉男.伺服电机应用技术[M].北京:科学出版社,2010.

[20] 坂本正文.伺服电机应用技术[M].王自强,译.北京:科学出版社,2010.

[21] 中达电通股份有限公司.台达伺服说明书(ASDA-AB).

[22] 上海步科电气有限公司.步进电机、步进驱动器说明书.